Hartmut Laufer

Sprint-Meetings statt Marathon-Sitzungen

Hartmut Laufer

Sprint-Meetings statt Marathon-Sitzungen

Besprechungen effizient organisieren und leiten

Bibliografische Information der Deutschen Nationalbibliothek

Die Deutsche Nationalbibliothek verzeichnet diese Publikation
in der Deutschen Nationalbibliografie; detaillierte bibliografische
Daten sind im Internet über http://dnb.d-nb.de abrufbar.

ISBN 978-3-89749-922-5

Lektorat: Christiane Martin, Köln
Umschlaggestaltung: Martin Zech Design, Bremen (www.martinzech.de)
Umschlagfoto: Creasource/Corbis
Satz und Layout: Lohse Design, Büttelborn (www.lohse-design.de)
Druck: Salzland Druck, Staßfurt

www.gabal-verlag.de

Inhalt

Vorwort

Sind Besprechungen
nur ein notwendiges Übel?

Besprechungen gehören seit eh und je zum betrieblichen Alltag. Sie kosten oft viel Zeit und damit auch Geld. Manche Führungskräfte verbringen bis zu 60 Prozent ihrer Arbeitszeit in Besprechungen.

Während überall die Arbeitsprozesse immer rationeller gestaltet werden, hat sich an den Abläufen von Besprechungen seit Jahrzehnten nichts Nennenswertes geändert. Immer noch wird einhellig beklagt, dass Besprechungen zu lange dauern, unstrukturiert und unergiebig verlaufen und statt zur Verständigung beizutragen oft Enttäuschungen oder gar Verärgerungen hinterlassen. Lediglich der Sprachgebrauch hat sich gewandelt: In früheren Zeiten kam man ehrfurchtsvoll zu „Konferenzen" oder „Sitzungen" zusammen. Seit den 1960er-Jahren traf man sich schlicht zu „Besprechungen" (in der DDR zu „Beratungen"). Heute hingegen ist es schick, „Meetings" oder „Brainstormings" abzuhalten.

Meist reichen jedoch schon eine professionelle Vorbereitung und einige handwerkliche Techniken der Gesprächsleitung aus, um die Qualität einer Besprechung maßgeblich zu steigern. Meine eigenen Erfahrungen als Leiter unzähliger betrieblicher Besprechungen sowie die Diskussionen mit Seminarteilnehmern zum Thema „Besprechung" haben mich angeregt, im vorliegenden Buch bewährte Methoden und Instrumente des Besprechungsmanagements vorzustellen und einige nützliche Tipps sowie Arbeitshilfen anzubieten. Verschiedentlich sind dazu Formulare abgebildet. Wer an den digitalen Vorlagen interessiert ist, kann sich diese von mir kostenlos zuschicken lassen – eine E-Mail mit den gewünschten Seitennummern reicht aus.

Werden Besprechungen zielbewusst und teilnehmerorientiert geführt, müssen sie nicht als lästige Arbeitsunterbrechungen oder gar ärgerliche Erlebnisse empfunden werden, sondern können als willkommener Anlass erlebt werden, den Kontakt mit anderen zu pflegen und seine Meinungen, Wünsche oder Sorgen zu äußern.

Dipl.-Ing. Hartmut Laufer

MENSOR Institut für Managemententwicklung und systemische Organisationsberatung GmbH
Postfach 30 36 30, 10727 Berlin
Tel.: (030) 2 62 96 40, Fax: (030) 2 62 59 77
E-Mail: institut@mensor.de, Website: www.mensor.de

PS: Des Leseflusses wegen habe ich darauf verzichtet, bei Personenbezeichnungen stets beide Geschlechter zu nennen. Mit „dem Mitarbeiter" als Gattungsbegriff meine ich auch weibliche Beschäftigte und „die Führungskraft" kann natürlich auch männlichen Geschlechts sein.

1. Aufwand und Nutzen von Besprechungen

Vielfalt der Begriffe

Im Lauf der Jahrzehnte hat sich eine Vielzahl von Bezeichnungen für Gespräche in Gruppen eingebürgert. Manche unterscheiden sich in ihrem Bedeutungsinhalt, andere werden bedeutungsgleich verwendet und beruhen lediglich auf unterschiedlichen sprachlichen Gewohnheiten oder Modeerscheinungen. Die einzelnen Bezeichnungen werden überwiegend wie in der folgenden Tabelle dargestellt verwendet.

Gebräuchlichste Definitionen

Im Folgenden wird der Begriff „Besprechung" bevorzugt – zumal das entsprechende Wissensgebiet im Allgemeinen unter der Bezeichnung „Besprechungstechniken" geführt wird. Davon abgesehen treffen die gemachten Aussagen meist auf alle Gesprächsvarianten zu.

Kostenfaktor und Rationalisierungspotenzial

Besprechungen tragen maßgeblich zum Zeitmangel der Führungskräfte bei. In den letzten Jahren sind im Zuge von Rationalisierungsmaßnahmen wie dem „Lean Management" in vielen Unternehmen ganze Führungsebenen eingespart worden. Die Mitarbeiterzahlen je Führungskraft haben sich dadurch mancherorts drastisch erhöht. Die Vorgesetzten können sich demzufolge den einzelnen Mitarbeitern ent-

Zeitnöte der Führungskräfte

1. Aufwand und Nutzen von Besprechungen

Bezeichnung	Teilnehmer	Zweck und Form
Tagung	Wissenschaftler, Politiker, Experten, Bereichsleiter – meist in größerer Anzahl	überregionaler Meinungs- und Erfahrungsaustausch zu speziellen Themen, formeller Rahmen
Kongress	siehe Tagung	siehe Tagung
Symposion	siehe Tagung	siehe Tagung
Kolloquium	Wissenschaftler, Hochschullehrer, Studenten	wissenschaftliches Gespräch, besonders zu Lehrzwecken
Versammlung	Gleichgesinnte (z. B. Mitglieder einer Organisation), meist größere Anzahl	Informationsaustausch, Vorbereitung gemeinsamer Aktivitäten, formeller Rahmen
Konferenz	Politiker, Leitungs- bzw. Führungskräfte, Delegierte von Organisationen	Zusammenkunft zum Erörtern von Problemen oder Treffen von Vereinbarungen, formeller Rahmen
Sitzung	bestimmte Funktionsträger, Mitglieder einer Arbeitsgruppe oder eines Ausschusses	Meinungs- und Informationsaustausch zu konkreten Sachfragen oder Projekten, mehr oder minder formell
Besprechung	geschlossene Mitarbeitergruppe oder Stelleninhaber verschiedener Organisationsbereiche	Informationsaustausch, Klärung bestimmter Sachfragen, Entscheidungsfindung, meist weniger formell
Beratung	siehe Sitzung oder Besprechung	siehe Sitzung oder Besprechung
Zusammenkunft	siehe Besprechung oder Beratung, meist jedoch spontaner und informell	siehe Besprechung oder Beratung, meist jedoch spontaner und informell
(Arbeits-)Treffen	siehe Zusammenkunft	siehe Zusammenkunft
Meeting	siehe Besprechung, Beratung, Zusammenkunft, Treffen	siehe Besprechung, Beratung, Zusammenkunft, Treffen
Unterredung	zwei oder nur wenige Personen	förmlicher Meinungsaustausch
Workshop	Personen mit gemeinsamem Arbeitsziel bzw. Anliegen	Erledigung einer konkreten Aufgabe im Gruppengespräch
Brainstorming	siehe Workshop	siehe Workshop; eigentlich keine Besprechungsform, sondern Ideenfindungstechnik

Bezeichnung	Teilnehmer	Zweck und Form
Diskussion	keine spezifische Teilnehmerart	informeller Meinungsaustausch, Erörterung von Problemen
Debatte	keine spezifische Teilnehmerart	Diskussion mit überwiegend kontroversen Standpunkten
Gespräch	keine spezifische Teilnehmerart, unter Umständen nur zwei Personen	Allgemeinbegriff für mündlichen Gedankenaustausch jeglicher Art

sprechend weniger intensiv widmen und haben oft zu wenig Zeit für ihre eigentlichen Führungsaufgaben. Umso mehr fehlen ihnen die vielen Stunden, die sie in allen möglichen Besprechungen zubringen.

Beobachtungen haben ergeben, dass manche Führungskräfte mehr als die Hälfte ihrer Arbeitszeit in Besprechungen zubringen.

Verschärfend kommt hinzu, dass die Besprechungszeit oftmals nicht hinreichend effizient genutzt wird. Bei einer Befragung von 850 Managern durch das Strategieforum in Hannover erklärte die Hälfte von ihnen, dass sie bei Besprechungen oft konkrete Zielsetzungen und Ergebnisse vermisse. 76 Prozent von ihnen bemängelten das schlechte Verhältnis von Zeitaufwand und Nutzen und sogar 81 Prozent die unprofessionelle Organisation und Gesprächsleitung. Ähnliche Ergebnisse erbrachte eine Studie der Minolta GmbH, bei der Beschäftigte aus 124 Unternehmen interviewt wurden.

Unzureichende Besprechungseffizienz

Betriebswirtschaftlich betrachtet stellen Besprechungen für die Unternehmen also einen nicht unerheblichen Kostenfaktor dar. Die folgende einfache Modellrechnung mag dies veranschaulichen.

Beispiel einer Besprechung

Annahmen
Teilnehmerart = Beschäftigte der mittleren und gehobenen Führungsebenen
Teilnehmerzahl = 10
durchschnittliche Gehaltskosten einschließlich Gehaltsneben-kosten = 60 Euro je Stunde und Teilnehmer
Besprechungsdauer = 3 Stunden

Kostenart	*Betrag*
Gehaltskosten der Teilnehmer	*60 €/Std.*
Besprechungsorganisation und -logistik,	
Vor- und Nachbereitung der Teilnehmer,	
Ausfall von Regelleistungen	
(Erfahrungswert = 100 % der Teilnahmekosten)	*60 €/Std.*
Besprechungskosten je Stunde	
= 120 €/Std. × 10 Teilnehmer	*1.200 €*
Besprechungskosten insgesamt	
= 1.200 €/Std. × 3 Std.	**3.600 €**

Ließe sich demnach die Dauer allein dieser einen Bespre-chung auch nur um eine halbe Stunde verkürzen, brächte das dem Unternehmen eine Kostenersparnis von 600 Euro. Es würden insgesamt fünf Arbeitsstunden eingespart werden, die anderen Führungsaufgaben zugutekämen. Abgesehen davon, dass die Teilnehmer für den zügigeren und zielstre-bigeren Ablauf sicher dankbar wären.

Organisations-bedingte Zeit-verschwendung Diese halbe Stunde ließe sich oft schon dadurch gewinnen, dass einfache, aber dennoch zeitraubende organisatorische Mängel vermieden werden, indem es beispielsweise nicht dazu kommt, dass
▒ noch fehlende Stühle herbeigeschafft werden müssen,
▒ der Beamer nicht richtig angeschlossen wurde,

- das Flipchart-Papier nicht ausreicht,
- die Filzschreiber des Moderationskoffers ausgetrocknet sind,
- verspätete Teilnehmer oder belanglose Plaudereien den Beginn verzögern oder
- Besprechungspausen hemmungslos überzogen werden.

Manches davon ließe sich schon durch eine simple Vorbereitungs-Checkliste verhindern. Aber auch der Besprechungsprozess selbst lässt sich oft durch bewährte Methoden oder Hilfsmittel straffen. Beispielsweise

Bewährte Hilfsmittel

- kann durch eine teilnehmerorientierte Besprechungsleitung ein positives Arbeitsklima geschaffen und Konflikten vorgebeugt werden,

TN-orientiert

- können klare Zielvorgaben helfen, Themenabweichungen zu vermeiden,

Zielsetzung

- sparen ein vorher abgesteckter Zeitrahmen und dessen strikte Einhaltung wertvolle Besprechungszeit,

Zeitrahmen

- beschleunigt eine folgerichtige Besprechungsstruktur den Gesamtprozess,

Struktur

- werden durch zweckmäßige Verfahrensregelungen hinderliche Ablaufstörungen vermieden,

Regel

- ermöglichen Visualisierungs- und Moderationstechniken eine schnellere Meinungsbildung und aktivieren die Teilnehmer und

*Visualisierung
Modabc*

- kann eine offene, nachvollziehbare Protokollierung zeitraubenden Wiederholungen vorbeugen und die Teilnehmer zielbewusster machen.

Protokoll

Während in den meisten Unternehmen intensive Überlegungen angestellt werden, auf welche Weise sich die Kosten weiter senken lassen – wobei meist die Personalkosten unter die Lupe genommen werden –, wird dem Besprechungsaufwand unverständlicherweise oft wenig Beachtung geschenkt. Bedenkt man, dass in einem größeren Unternehmen nahezu ständig irgendwo irgendwelche Besprechungen stattfinden,

Ungenutzte Einsparmöglichkeiten

kann man sich vorstellen, zu welchem jährlichen Kostenfaktor sich die Besprechungszeiten summieren können. Nur wird dieser Posten in keiner Bilanz ausgewiesen.

> **Es zeigt sich bei näherer Betrachtung, dass im Zeitaufwand für Besprechungen häufig ein beachtliches Rationalisierungspotenzial verborgen ist.**

Notwendigkeit und Nutzen von Besprechungen

Ohne Gespräche keine funktionierende Gruppe

Es ist relativ einfach, die Kosten einer Besprechung zu berechnen. Ungleich schwerer fällt es, ihren Nutzen zu bewerten, geschweige ihn in Geld auszudrücken. Dennoch wird niemand ernsthaft bezweifeln, dass es für das Funktionieren menschlicher Gruppierungen unverzichtbar ist, sich untereinander auszutauschen. Das gilt für Familien ebenso wie für Reisegruppen, Fußballvereine, Gewerkschaften, Krankenanstalten oder Industrieunternehmen.

Damit das Zusammenleben oder Zusammenarbeiten reibungslos und zielgerichtet ablaufen kann, müssen die Gruppenmitglieder miteinander reden, um

- sich gegenseitig zu informieren und zu beraten,
- ihre Ansichten und Gedanken auszutauschen,
- ihre Gefühle, Befindlichkeiten und Wünsche zu äußern,
- Fragen oder Missverständnisse zu klären,
- Meinungsverschiedenheiten und Konflikte auszutragen,
- zu einer einheitlichen Gruppenmeinung zu finden,
- Beschlüsse zu fassen,
- ihre Einzelaktivitäten zu koordinieren sowie
- sich in die Gruppe zu integrieren und sich in ihr geborgen fühlen zu können.

Von Kindesbeinen an haben wir die dafür notwendigen Kommunikationsfähigkeiten erlernt. Wir haben es geübt, uns in Gruppengesprächen zu behaupten, unsere Interessen wahrzunehmen und von den anderen anerkannt zu werden. Im alltäglichen privaten Zusammenleben geschieht das in der Regel in spontanen, informellen Gesprächen, und unsere auf natürliche Weise erworbenen Kommunikationsfähigkeiten reichen dafür aus. Anders in der Öffentlichkeit und im Berufsleben. Hier sind die Bedingungen des menschlichen Miteinanders vielgestaltiger und komplizierter und es bedarf daher besonders zielorientierter formeller Abstimmungsprozesse – heutzutage mehr denn je.

Gestiegene kommunikative Anforderungen

Beispielsweise erfordern die heute sehr komplexen industriellen Produktionsprozesse im Gegensatz zu den überschaubaren handwerklichen Arbeitsabläufen früherer Jahrhunderte wesentlich umfangreichere Material- und Verfahrenskenntnisse. Gefragt ist ein Wissensumfang, den niemand mehr alleine beherrscht, sodass jeder am Arbeitsprozess Beteiligte auf einen ständigen Informationsaustausch mit anderen angewiesen ist. Das gilt für die Führenden und Ausführenden gleichermaßen. Hinzu kommen die heutigen Unternehmensgrößen sowie die arbeitsteilige Ablauforganisation, die eine ständige Koordination und Kommunikation der verschiedenen Arbeitsbereiche unverzichtbar machen. Untersuchungen haben ergeben, dass die Häufigkeit beruflich bedingter Besprechungen weiterhin ständig steigen wird.

Komplexere Arbeitsprozesse

Aber auch das geänderte Selbstverständnis der Mitarbeiter erfordert mehr Gespräche als in früheren Zeiten. Sie wollen heutzutage in einem höheren Maß mitgestalten und mitentscheiden, wollen als mündige Partner behandelt werden. Damit Mitarbeiter motiviert sind und sich mit ihrer Arbeit und dem Unternehmen identifizieren, müssen ihre Bedürfnisse nach Wertschätzung und Sicherheit berücksichtigt werden. Wertschätzung drückt sich unter anderem dadurch aus, dass

Notwendige Mitarbeitereinbindung

man die Mitarbeiter nach ihrer Meinung fragt, und ihrem Sicherheitsbedürfnis kommt es entgegen, wenn man sie umfassend informiert. Ständiges Zurückhalten von Informationen hingegen frustriert sie und lässt sie unselbstständig bleiben – oder werden. Es schafft Verunsicherungen, aus denen sich Abwehrhaltungen entwickeln.

Doch geht es dabei durchaus nicht einseitig um die Mitarbeiterinteressen. Aufgrund der zuvor geschilderten komplexeren Arbeitsprozesse kommen Führungskräfte heute nicht mehr ohne die Erfahrungen ihrer Spezialisten sowie das aktuellere Fachwissen ihrer Nachwuchskräfte aus, und sie brauchen das Engagement und die Ideen ihrer Mitarbeiter. Die Konsequenz: Man muss häufiger miteinander reden.

Notwendigkeit kritisch prüfen Doch trotz des geschilderten grundsätzlichen Gesprächsbedarfs muss wegen des Kostenfaktors jedes Mal kritisch geprüft werden, ob eine Besprechung wirklich notwendig ist. Für einen reinen Informationsaustausch gibt es nämlich auch weit weniger zeit- und kostenaufwendige Möglichkeiten, als sich zu einer Besprechung zusammenzusetzen: Man kann sich beispielsweise gegenseitig Briefe, Aktennotizen, Fax-Mitteilungen, E-Mails oder elektronische Datenträger zusenden.

> **Trotz des grundsätzlichen Gesprächsbedarfs gebieten es die Kostenfaktoren, in jedem Einzelfall zunächst kritisch zu überdenken, ob eine Besprechung wirklich notwendig und sinnvoll ist.**

Allerdings haben die genannten Informationsmedien alle einen entscheidenden Nachteil: Sie ermöglichen zunächst lediglich „Ein-Weg-Kommunikation", das heißt, der Absender der Information beziehungsweise der Botschaft erfährt keine sofortige Reaktion des Empfängers. Selbst wenn dieser ihm unverzüglich auf gleichem Weg antwortet, ist dies niemals seine spontane, von momentanen Ideen und Gefühlen bestimmte Antwort. Sie wird stets vernunftgemäß relativiert ausfallen oder von taktischen Überlegungen geprägt sein. Hinzu kommt, dass schriftliche Informationen beim Empfänger nur einen einzigen Wahrnehmungskanal ansprechen, nämlich seine Sehorgane. Somit ist Schriftkommunikation außerdem auch nur „Ein-Kanal-Kommunikation".

Nachteile reiner Schriftkommunikation

Das direkte Gespräch hingegen ist sowohl „Zwei-Weg-" als auch „Zwei-Kanal-Kommunikation": Der jeweilige Sender erhält auf seinen Gesprächsbeitrag eine unmittelbare verbale Rückmeldung. Diese akustischen Informationen werden über die Gehörorgane empfangen. Parallel dazu tauschen die Gesprächspartner aber auch nonverbale Botschaften aus, die sie mittels ihrer Sehorgane wahrnehmen. Das geschieht vor allem durch Mimik, Gestik und Körperhaltung. Die Abbildung auf Seite 20 zeigt die Merkmale der Kommunikationsformen.

Vorzüge mündlicher Kommunikation

Bei der Wahl zwischen Schriftwechsel und Besprechung gilt es die unterschiedlichen Wirkungsweisen gegeneinander abzuwägen.

> **Schriftliche Kommunikation verläuft nur linear sowie eindimensional und ist demzufolge nie so vielschichtig wirksam wie der mündliche Meinungsaustausch.**

Sowohl die sichtbaren Körpersignale als auch Stimme und Sprechweise verraten zusätzlich etwas über die Gefühlslage eines Gesprächsteilnehmers. Auf diese Weise kann auch eine unausgesprochen zustimmende oder skeptische beziehungsweise sogar ablehnende Haltung erkennbar werden und der andere unmittelbar darauf eingehen.

Merkmale der Kommunikationsformen	
Schriftwechsel	**Besprechung**
„Ein-Weg-Kommunikation" (keine unmittelbare Resonanz)	„Zwei-Weg-Kommunikation" (direkte Wortwechsel)
„Ein-Kanal-Kommunikation" (rein visuelle Übermittlung)	„Zwei-Kanal-Kommunikation" (visuelle **und** auditive Übermittlung)
Vorzüge:	Vorzüge:
▪ keine gleichzeitige Teilnehmerpräsenz erforderlich	▪ zeit- und inhaltsgleiche Information aller Beteiligten
▪ individuelle Zeitläufe	▪ umfassende Meinungsbildung
▪ wohldurchdachte Beiträge	▪ spontane Beiträge
▪ kein zusätzlicher Moderator	▪ direkte Erwiderungen
▪ kein Schriftführer	▪ Emotionalität
▪ keine Reisekosten	▪ Kreativitätssteigerung
▪ kein Raumbedarf	▪ zügige Meinungsbildung
▪ schriftliche Arbeitsunterlagen	▪ unmittelbare Beschlussfassung
▪ schriftliche Beweismittel	▪ Gemeinschaftsgefühl

Gefühle werden durch die Körpersprache oft sogar deutlicher ausgedrückt, als es gesprochene oder geschriebene Worte vermögen.

Emotionale Botschaften sind wichtig

Wie gehirnphysiologische Untersuchungen gezeigt haben, werden Sachinformationen vom Gesprächspartner aufmerksamer wahrgenommen, wenn sie von emotionalen Botschaften begleitet werden. Demzufolge lösen sie bei ihm stärkere Wirkungen aus und werden auch besser gespeichert.

In vielen Fällen ist eine Verständigung ohne Berücksichtigung der Gefühlsebene geradezu undenkbar und ein unmittelbarer mündlicher Gedankenaustausch daher unerlässlich. Wenn es beispielsweise darum geht,

- gemeinsam komplexe Sachprobleme zu lösen,
- sich gegenseitig zu neuen Ideen anzuregen,
- zu wichtigen gemeinsamen Entscheidungen zu gelangen,
- schwierige oder riskante Maßnahmen zu ergreifen,
- Missverständnisse oder Konflikte zu beseitigen,
- die persönliche Gefühls- oder Bedürfnislage zu verdeutlichen,
- soziale Kontakte herzustellen beziehungsweise sie zu pflegen oder
- ein Vertrauensverhältnis aufzubauen.

Mündlicher Austausch unerlässlich

Dennoch können mündliche Besprechungen manchmal überflüssig sein – vor allem wenn sie schlecht vorbereitet sind oder ungeschickt durchgeführt werden.

> **Manche Besprechung erweist sich im Nachhinein als überflüssig, und manche nachlässig organisierte oder ungeschickt geleitete schadet mehr, als sie nützt.**

Ehe man eine Besprechung einberuft, sollte man sich daher folgende Fragen stellen:

Die Bedingungen

- Steht der Besprechungsaufwand in einem angemessenen Verhältnis zum erzielbaren Nutzen?
- Ließe sich die Angelegenheit durch einen einfachen Schriftwechsel ebenso gut regeln?
- Müssen offene Fragen in der Gruppe besprochen werden oder ließen sie sich auch durch einzelne Anfragen klären?
- Können die Einzuladenden zum Gesprächsthema tatsächlich Nennenswertes beitragen?
- Können alle einen Nutzen aus der Besprechung ziehen?

- Müssen die zu fassenden Beschlüsse von mehreren Personen verantwortet werden?
- Erfordern es die Akzeptanz und die spätere Umsetzung der Ergebnisse, dass alle Betroffenen das Zustandekommen der Beschlüsse miterleben?
- Geht es um einen kreativen Prozess, der durch die Mitwirkung mehrerer Personen ergiebiger verlaufen würde?
- Handelt es sich um eine brisante Angelegenheit, die sich in Einzelgesprächen diskreter und konfliktfreier behandeln ließe?
- Steht für einen ergiebigen Besprechungsprozess genügend Zeit zur Verfügung?
- Lässt sich im Hinblick auf die Dringlichkeit ein rechtzeitiger Termin finden, den alle zu Beteiligenden auch tatsächlich wahrnehmen können?

Erst wenn diese Fragen geklärt sind, lässt es sich zutreffend beurteilen, ob eine Besprechung gerechtfertigt wäre.

> **Bei der Nutzenabwägung sollten nicht nur die Sachaspekte einer Besprechung bedacht werden, sondern auch die möglichen Nutzeffekte für die Befindlichkeit der Teilnehmer und das Gemeinschaftsbewusstsein der Gruppe.**

Psychologische Effekte wichtig
Manchmal können gerade die psychologischen Effekte den Besprechungsaufwand rechtfertigen, der sich auf Dauer für den Arbeitserfolg auszahlt. Die folgende Abbildung zeigt, wie Besprechungsnutzen und -aufwand gegeneinander abzuwägen sind.

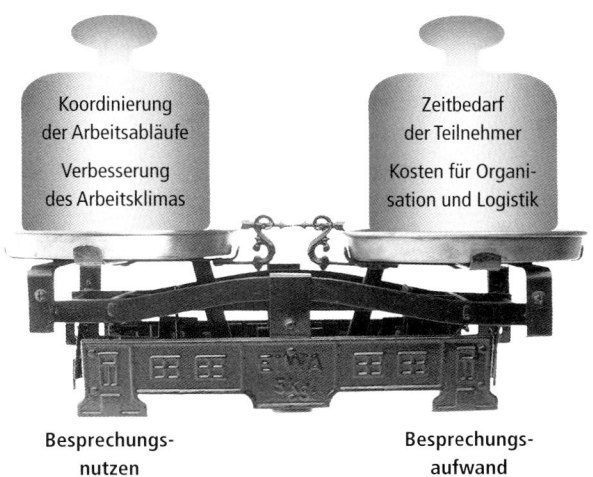

| Besprechungs-
nutzen | Besprechungs-
aufwand |

Hat man sich für eine Besprechung entschieden, sollte man aber alles dafür tun, damit sie nicht mehr Zeit als unvermeidlich in Anspruch nimmt, die Besprechungszeit effizient genutzt wird und es zu optimalen Ergebnissen im Sinne der Zielsetzung kommt.

Zeit effizient nutzen

Letztendlich entscheidet die Ergebnisqualität darüber, ob der Aufwand für eine Besprechung wirklich gerechtfertigt war.

Es gilt also, Besprechungen sorgfältig vorzubereiten, sie gekonnt zu leiten und ihren Ergebnissen tatsächlich Konsequenzen folgen zu lassen. In den weiteren Kapiteln wird hierzu eine Reihe bewährter Techniken und Instrumente vorgestellt.

Freud und Leid turnusmäßiger Besprechungen

Sinn und Zweck In manchen Unternehmens- beziehungsweise Arbeitsbereichen ist es üblich, sich in regelmäßigen Abständen zu Besprechungen zusammenzusetzen (auch „Routinebesprechungen" genannt). Die Teilnehmer derartiger Zusammenkünfte können sein:

- die Unternehmensleitung
- Führungskräfte bestimmter Hierarchieebenen
- geschlossene Mitarbeitergruppen
- spezielle Arbeitsgruppen oder Teams
- Projektgruppen
- Qualitätszirkel
- Bauleiter einer Großbaustelle
- Betriebsratsmitglieder
- Gewerkschaftsgruppen
- ähnliche ständige oder für einen begrenzten Zeitraum gebildete Gremien

Die Treffen können dazu dienen, sich regelmäßig über aktuelle Ereignisse zu informieren, zum Beispiel bei Bauleiterbesprechungen, oder kontinuierlich an einem gemeinsamen Vorhaben zu arbeiten, zum Beispiel in Projektgruppensitzungen.

Die Regelmäßigkeit von Routinebesprechungen hat ihre Vorzüge, kann sich aber auch nachteilig auswirken.

Mögliche Vorteile turnusmäßiger Besprechungen

- Die Teilnehmer können die Termine langfristig einplanen.
- Statt mehrerer Einzelbesprechungen können Themen geringen Zeitbedarfs zu einem Termin zusammengefasst werden.

- Weniger dringliche Probleme müssen nicht zu Ad-hoc-Besprechungen führen.
- Es können nebenher auch weniger wichtige Punkte besprochen werden, die keine besondere Zusammenkunft rechtfertigen würden.
- Die Umsetzung gefasster Beschlüsse kann bei späteren Treffen im Beisein aller Mitwirkenden kontrolliert werden.
- Die wachsende Vertrautheit der Gruppe baut eventuelle Hemmungen ab und aktiviert die Teilnehmer.

Mögliche Nachteile turnusmäßiger Besprechungen

- Die Teilnehmer fühlen sich genötigt, bei jedem Treffen etwas vorzutragen, auch wenn sie keine erwähnenswerten Informationen oder Fragen haben.
- Ersatzweise werden dann Bagatellen zu Problemen hochstilisiert.
- Wegen derartiger Nebensächlichkeiten ziehen sich die Besprechungen immer mehr in die Länge.
- Manche Beteiligten können die festgelegten Termine nicht einhalten, sodass die Runde häufig beschlussunfähig ist.
- Langfristig entwickelt sich eine Tendenz zur unverbindlichen Plauderei.

Auf diese Weise kommen Routinebesprechungen manchmal in Verruf, was sich dann in ironischen Bezeichnungen wie „Kindergottesdienst" oder „Märchenstunde" ausdrückt. Ehe man regelmäßige Besprechungsintervalle einführt, sollte man daher die Vor- und Nachteile im Einzelfall sorgsam gegeneinander abwägen. Die in der folgenden Abbildung dargestellten Bedingungen sollten in jedem Fall erfüllt sein.

Für und Wider abwägen

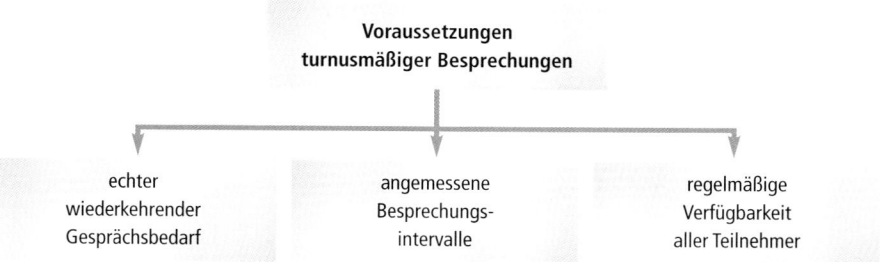

Damit die möglichen Nachteile nicht zum Tragen kommen, sind folgende Punkte zu beachten:

- In einer vorgeschalteten Grundsatzbesprechung sind die Modalitäten der künftigen Besprechungen mit allen Beteiligten zu klären und verbindlich festzulegen.
- Dabei ist sicherzustellen, dass die Teilnehmer hinreichend terminlich flexibel sind, um die Fixtermine tatsächlich einhalten zu können.
- Zu Beginn einer jeden Zusammenkunft ist die Tagesordnung zu verlesen und gegebenenfalls zu ergänzen oder – falls noch nicht geschehen – aufzustellen.
- Dann ist zu entscheiden, ob genügend erwähnenswerte und unaufschiebbare Besprechungspunkte vorliegen. Ist das nicht der Fall, sollte man sich konsequenterweise auf den nächsten Termin vertagen.
- Im Verlauf der Besprechung ist von der Tagesordnung nicht ohne triftigen Grund abzuweichen.
- Ist nur wenig zu besprechen, sollte die Besprechung auch nach sehr kurzer Dauer beendet und nicht künstlich verlängert werden.

Länge der Intervalle

Eine wichtige Grundsatzfrage bei Routinebesprechungen ist die Länge der Besprechungsintervalle. Eine allgemeingültige Regel lässt sich hierfür nicht aufstellen, da der optimale zeitliche Abstand der Zusammenkünfte von den Notwendigkeiten und Möglichkeiten jedes Einzelfalls abhängt. Immerhin aber lässt sich für die beiden gegensätzlichen Tendenzen einiges Grundsätzliches anführen.

Die folgenden Argumente sprechen für kurze Intervalle:

Argumente für kurze Intervalle

- Es können auch kurzfristig aufkommende Probleme behandelt werden. Andernfalls müssten für unaufschiebbare Angelegenheiten außerplanmäßige Einzelbesprechungen dazwischengeschoben werden oder die Angelegenheiten werden notgedrungen unabgestimmt bearbeitet oder bleiben sogar unerledigt.
- Es sammeln sich nicht zu viele Punkte für die einzelnen Termine an, sodass die Besprechungsdauer kurz gehalten werden kann.
- Die auszutauschenden Informationen oder Fragen sind hinreichend aktuell und damit interessant und nützlich.
- Die Kontinuität der Zusammenarbeit ist besser gewährleistet. Es treten seltener Erinnerungslücken auf, die zunächst überbrückt werden müssen.
- Die Teilnehmer lernen sich besser kennen, was das Zusammenarbeitsklima und damit die Effizienz der Gruppe begünstigt.

Die folgenden Argumente sprechen für lange Intervalle:

Argumente für lange Intervalle

- Die Teilnehmer müssen sich nicht so viele Termine blockieren und sich nicht so häufig aus ihrem Alltagsgeschäft herauslösen.
- Es kommt seltener zu Themenmangel und zu dadurch bedingter unergiebiger Plauderei.
- Durch die geringere Häufigkeit sowie durch die inhaltliche Substanz bleibt das Interesse an den Zusammenkünften länger aufrechterhalten.
- Die Besprechungen werden als bedeutsam wahrgenommen und es kommt nicht so schnell zu „Verschleißerscheinungen" des Gremiums.
- Insgesamt ergeben sich geringere Besprechungskosten.

Besprechungsarten und ihre Besonderheiten

Entsprechend ihren unterschiedlichen Zielsetzungen lassen sich die Besprechungsarten in fünf Kategorien einteilen – wie sie die folgende Abbildung zeigt.

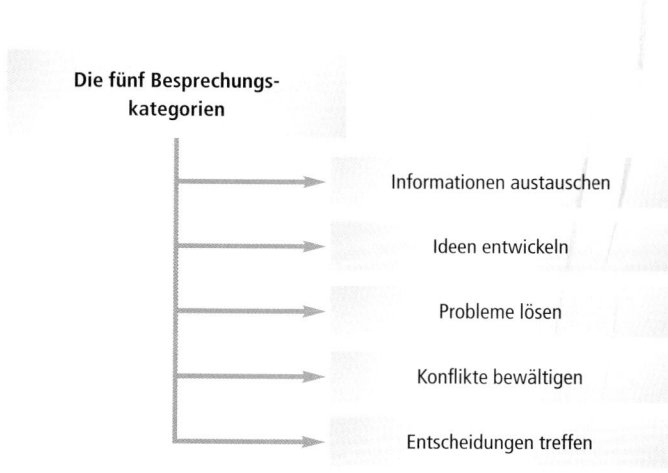

Die fünf Besprechungs-kategorien

Informationen austauschen

Ideen entwickeln

Probleme lösen

Konflikte bewältigen

Entscheidungen treffen

Verschiedene Ziele In der Praxis überschneiden sich die Besprechungsziele oftmals beziehungsweise es werden im Verlauf einer Besprechung mehrere dieser Zielarten verfolgt.

Beispiel

Zur Lösung eines betrieblichen Problems werden die Besprechungsteilnehmer zunächst über den Sachverhalt informiert, um dann mit ihnen nach Lösungsideen zu suchen. Schließlich entscheidet man sich für eine der Lösungsmöglichkeiten und vereinbart entsprechende Maßnahmen. Während der Diskussion wird möglicherweise ein Zusammenarbeitsproblem der Gruppe offenkundig, das man im weiteren Gespräch zu beseitigen sucht.

Jede der Besprechungsarten oder auch Besprechungs-
phasen hat ihre Besonderheiten, die es im Interesse der
Ergebnisqualität und Zeitersparnis zu beachten gilt.

Besprechungen zum Austauschen von Informationen

Bei dieser Art von Besprechungen kann es darum gehen, dass
a) ein Verantwortungsträger oder besonders Sachkundiger
die anderen Besprechungsteilnehmer informiert, b) eine
Führungskraft sich von Nachgeordneten informieren lässt
oder c) man sich in gleichrangigen oder gemischten Teil-
nehmergruppen gegenseitig informiert.

Von der jeweiligen Variante hängt es ab, welche Rolle der Gesprächsleiter in der Besprechung spielt: ob er sich selbst zur
Sache zu äußern hat oder nur ein neutraler Moderator ist. In
jedem Fall aber hat er sicherzustellen, dass die eingebrachten
Sachinformationen

**Unterschiedliche
Rollenverteilungen**

- sich am Besprechungsziel beziehungsweise -thema orien-
  tieren,
- nicht emotional verfälscht werden,
- vollzählig, umfassend und zuverlässig sind,
- klar und verständlich formuliert wurden,
- logisch gegliedert dargestellt und
- gegebenenfalls dokumentiert werden.

Besprechungen zum Informationsaustausch sollten in
erster Linie auf der Sachebene geführt werden.

Besprechungen zum Entwickeln von Ideen

In einem Ideenfindungsprozess sollte sich der Gesprächsleiter als neutraler Moderator empfinden und nicht durch
eigene Beiträge dominierend wirken. Diese Gefahr ist vor

**Möglichst
neutraler
Gesprächsleiter**

allem dann gegeben, wenn er gleichzeitig der Ranghöchste in der Gruppe ist. Um ein Höchstmaß an Ideenvielfalt zu erreichen, sollte er vielmehr alles dafür tun, dass ein hierarchie-, stress- und spannungsfreies Gesprächsklima herrscht.

In diesem Sinn sollte er vor allem dafür sorgen, dass

- sich jeder Teilnehmer frei und ungezwungen äußern kann,
- niemand durch abwertende Kommentare abgeblockt wird,
- alle Vorschläge vorurteilsfrei angehört und festgehalten werden,
- auch zunächst abwegig erscheinende Ideen nicht vorschnell verworfen werden,
- kreativitätsfördernde Methoden und Techniken eingesetzt werden und
- kein Zeitdruck ausgeübt wird.

> **Besprechungen zur Ideenfindung sollten in einer möglichst ungezwungenen Atmosphäre verlaufen.**

Besprechungen zum Lösen von Problemen

Vorrangiges Ziel derartiger Besprechungen ist es, dass Probleme nicht rein intuitiv oder auf den begrenzten Erfahrungen einzelner Personen beruhend bearbeitet werden, sondern die Kenntnisse und Überlegungen möglichst vieler Sachkundiger in die Problemlösung einfließen können.

Zuweilen separate Ideen- und Entscheidungsfindung

Naturgemäß haben Besprechungen dieser Art häufig auch eine Ideenfindungsphase. Es sei denn, es wurden die Lösungsmöglichkeiten in einer vorangegangenen Besprechung gesondert erarbeitet. Andererseits kann es sein, dass keine endgültige Entscheidung über die zu realisierende Lösungsalternative zu treffen ist, sondern dass das einer weiteren Besprechung vorbehalten bleibt. Ein typisches Beispiel hierfür sind die Sitzungen von Projektgruppen, die lediglich die Aufgabe haben, Empfehlungen für die Entscheidungsbefugten zu entwickeln.

Vor allem hat der Gesprächsleiter zu gewährleisten, dass
- alle Beteiligten über die Ausgangssituation umfassend informiert sind,
- der gesamte Problemlösungsprozess zielbewusst und systematisch abläuft,
- die Teilnehmer lückenlos alle problemrelevanten Informationen und Meinungen einbringen,
- man sich nicht nur den Auswirkungen, sondern vorrangig den Ursachen des Problems widmet,
- nur Lösungsmaßnahmen erwogen werden, die plausibel und praktikabel erscheinen und
- der favorisierte Lösungsweg von allen Beteiligten akzeptiert und mitgetragen wird.

Bei Besprechungen zur Problemlösung ist vor allem auf eine zielgerichtete und systematische Vorgehensweise zu achten.

Besprechungen zum Bewältigen von Konflikten

In Besprechungen dieser Art werden die Gefühle der Teilnehmer in besonderem Maß berührt. Geht es doch dabei in aller Regel darum, trotz unterschiedlicher Einzelinteressen zu einem Konsens zu gelangen oder sich mit Störungen der zwischenmenschlichen Beziehungen auseinanderzusetzen.

Einerseits können die Emotionen den Besprechungsablauf empfindlich belasten. Andererseits dürfen sie nicht unberücksichtigt bleiben, wenn eine nachhaltige Konfliktlösung erreicht werden soll. Hier sind das Einfühlungsvermögen sowie das Lenkungsgeschick des Gesprächsleiters in besonde-

Gefühlsäußerungen sind normal und notwendig

rem Maß gefordert. Damit die Teilnehmer bereit sind, ihre Befindlichkeiten freimütig zu äußern, sollte sich der Gesprächsleiter weitestgehend neutral verhalten. Sofern er gleichzeitig Vorgesetzter und Konfliktbeteiligter ist, sollte er sich als Gleicher unter Gleichen empfinden und sich entsprechend äußern.

Dem Gesprächsleiter obliegt es, dass

- die Teilnehmer freimütig und dennoch respektvoll miteinander umgehen,
- zwar auch persönliche Angriffe zugelassen sind, Teilnehmer aber nicht beleidigt oder in ihrer Persönlichkeit diskriminiert werden,
- die Bedürfnisse der Einzelnen ausgewogen berücksichtigt werden,
- Einzelinteressen aber nicht ohne schwerwiegenden Grund Vorrang erhalten gegenüber dem Gruppeninteresse oder Gesamtvorhaben,
- Gefühle nicht mit Sachbeiträgen kaschiert werden,
- die Regeln der Fairness und Höflichkeit eingehalten werden und
- sich niemand am Schluss der Besprechung als Besiegter fühlt.

> **Besprechungen zur Konfliktbewältigung sind fair, aber dennoch in aller Offenheit zu führen. Die Gefühlsebene darf dabei nicht unberücksichtigt bleiben.**

Besprechungen zum Treffen von Entscheidungen

Entscheidungs-kompetenz klarstellen

Bei Besprechungen, in denen eine Entscheidung zu fällen ist, muss zuvor zweifelsfrei geklärt werden, wer letztendlich gesamtverantwortlich entscheiden wird – ob es eine Einzelentscheidung oder eine Gruppenentscheidung werden soll. Daran orientiert sich, wer an der Besprechung teilzunehmen hat, wer sie zweckmäßigerweise leitet und welches Entscheidungsverfahren vorzusehen ist.

Im Interesse des Besprechungserfolgs hat der Gesprächsleiter bei dieser Art von Besprechungen sicherzustellen, dass

Gesprächsleiter hat mehrere Aufgaben

- sich die Teilnehmer von Beginn an über die Entscheidungsbefugnis und das Entscheidungsverfahren im Klaren sind,
- eine zielstrebige und folgerichtige Vorgehensweise eingehalten wird,
- sämtliche entscheidungsrelevanten Informationen verfügbar sind,
- alle zweckdienlichen Lösungsalternativen diskutiert werden,
- die Teilnehmer ihre Meinungen gleichrangig einbringen können,
- auch emotionale Bedürfnisse angemessen zur Geltung kommen,
- ernsthafte Bedenken oder Vorbehalte bedacht werden,
- zuerst zielgerechte Entscheidungskriterien aufgestellt werden, ehe es zu einer endgültigen Alternativenauswahl kommt,
- eine klare Entscheidung im Sinne des Besprechungsziels gefällt wird,
- für die Ergebnisumsetzung konkrete Maßnahmen vereinbart werden,
- die Besprechungsergebnisse unmissverständlich formuliert und gegebenenfalls dokumentiert werden und
- alle Beteiligten die Ergebnisse akzeptieren und mittragen.

In Besprechungen getroffene Entscheidungen müssen einerseits von der Sache her zielgerecht und realisierbar und andererseits von den Beteiligten akzeptiert sein, um später von ihnen mit dem nötigen Engagement verwirklicht zu werden.

Zweckgerechte Besprechungsgestaltung

Die folgende Tabelle gibt zu den einzelnen Besprechungsarten einige kurz gefasste Hinweise für die Organisation und Leitung.

Besprechungsziel	Teilnehmer	Gesprächsleiter	Gesprächsleiterverhalten
Informationen austauschen	alle Personen, die zweckdienliche Informationen geben können oder benötigen	informierender Verantwortungsträger oder neutraler Moderator	▪ auf Wissensstand der Teilnehmer aufbauen ▪ für unmissverständliche Aussagen sorgen ▪ Sprache der Teilnehmer berücksichtigen (keine unverständlichen Abkürzungen, Fach- oder Fremdwörter) ▪ Fragen, Vorbehalte und skeptische Blicke beachten und darauf reagieren ▪ auf der Sachebene bleiben
Ideen entwickeln	Sach- und Fachkompetente, für ausgefallene Ideen unter Umständen auch unvoreingenommene Laien	neutraler Moderator	▪ sich selbst in der Sache zurückhalten ▪ alle Ideen aufnehmen und sichtbar festhalten ▪ auch zunächst abwegig Erscheinendes ernst nehmen ▪ abwertende Kommentare unterbinden ▪ zurückhaltende Teilnehmer ermutigen ▪ dominierende Teilnehmer bremsen ▪ Ideenfindungstechniken vorschlagen ▪ für ungezwungene Gesprächsatmosphäre sorgen
Probleme lösen	Verantwortungsträger, Sach- und Fachkompetente, Problembetroffene	Verantwortungsträger oder neutraler Moderator	▪ zielorientierte und folgerichtige Besprechungsstruktur vorgeben ▪ Problemsituation umfassend beschreiben lassen ▪ sämtliche problemrelevanten Fakten und Meinungen erbitten ▪ Verwechslungen von Ursache und Wirkung unterbinden ▪ auf plausibler Ursachenermittlung beharren ▪ alle denkbaren Lösungsmöglichkeiten vorurteilsfrei in Betracht ziehen ▪ einvernehmliche Lösungsauswahl erwirken ▪ konkrete Lösungsmaßnahmen beschließen lassen ▪ Verantwortlichkeiten und Kontrollmaßnahmen vereinbaren

Besprechungsziel	Teilnehmer	Gesprächsleiter	Gesprächsleiterverhalten
Konflikte bewältigen	Konflikt-betroffene	Führungskraft; bei eigener Betroffenheit besser neutraler Moderator	▩ zu freimütiger Meinungsäußerung auffordern ▩ an Fairness und Verantwortungs-bewusstsein appellieren ▩ Einzelinteressen ausgewogen berück-sichtigen ▩ auch sehr persönliche Bedürfnisse würdigen ▩ keine Diffamierungen oder Beleidigungen zulassen ▩ Gesamtziel und Gruppenbelange im Auge behalten ▩ für versöhnlichen Besprechungsausklang sorgen ▩ positiven Ausblick geben
Entscheidungen treffen	Entscheidungs-befugte, wenn zweck-dienlich, auch Entscheidungs-betroffene	Entscheidungs-verantwortlicher, für demokratische Gruppent-scheidungen besser neutraler Moderator	▩ zu Beginn Entscheidungsbefugnis und Entscheidungsverfahren regeln ▩ keine Themenabweichungen tolerieren ▩ eigene Meinung nicht voranstellen ▩ für ergebnisorientierten, folgerichtigen Ablauf sorgen ▩ sämtliche entscheidungsrelevanten Fakten und Meinungen äußern lassen ▩ alle sinnvollen Lösungsalternativen berück-sichtigen ▩ vor der Alternativenbewertung zunächst zweckgerechte Entscheidungskriterien auf-stellen lassen ▩ Entscheidung eindeutig formulieren und festhalten ▩ Ergebnisakzeptanz aller Teilnehmer an-streben ▩ Durchführungs- und Kontrollmaßnahmen vereinbaren

Kriterien einer erfolgreichen Besprechung

Die Teilnehmer-zufriedenheit ist wichtig

Ein gutes Sachergebnis darf nicht das alleinige Ziel einer Besprechung sein. Um eine Besprechung als insgesamt erfolgreich bezeichnen zu können, ist es ebenso wichtig – in manchen Fällen sogar noch wichtiger –, dass die Teilnehmer mit einem zufriedenen Gefühl aus der Besprechung gehen. Hierbei spielt eine maßgebliche Rolle, wie man miteinander umgegangen ist und wie sich die Teilnehmerbeziehungen gestalteten. Besprechungsteilnehmer werden nur dann zufrieden sein, wenn ihr Selbstwertgefühl nicht verletzt wurde, ihre persönlichen Bedürfnisse nicht missachtet wurden und sie das Gefühl mitnehmen, keine Zeit vergeudet, sondern etwas Nützliches geleistet zu haben.

> Ein gutes Sachergebnis reicht alleine nicht aus, um eine Besprechung als insgesamt erfolgreich bezeichnen zu können.

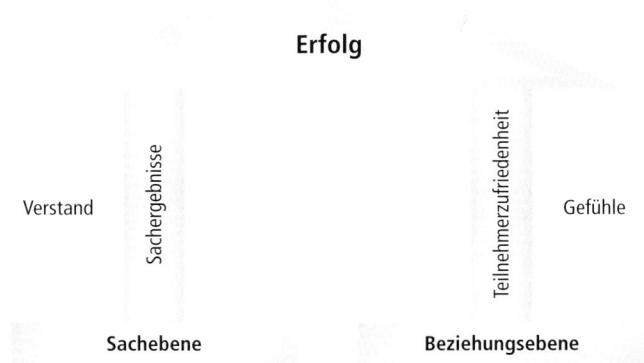

Unabhängig von ihren Sachinteressen haben Besprechungsteilnehmer normalerweise auch eine Vielzahl emotionaler Bedürfnisse, die für den Besprechungsverlauf ausschlaggebend sein können. Beispielsweise wollen sie

- positive Rückmeldungen bekommen und anerkannt werden,
- die Ergebnisse maßgeblich mitgestalten,
- ihre Kenntnisse und Fähigkeiten darstellen und sich profilieren,
- Einfluss auf den Besprechungsprozess nehmen (unter Umständen auch Macht ausüben),
- die eigene Position in der Gemeinschaft testen oder festigen,
- Missverständnisse ausräumen oder sich rechtfertigen,
- eventuellen Ärger artikulieren und Aggressionen abbauen,
- Kontakte zu den anderen aufbauen,
- Verständnis und Mitgefühl erfahren sowie
- letztendlich sich während des Besprechungsprozesses in jeder Hinsicht wohlfühlen.

emotionale Bedürfnisse

Ein Gesprächsleiter sollte daher nicht nur die Sachziele im Auge behalten, sondern auch die nötige Sensibilität aufbringen, derartige Teilnehmerbedürfnisse wahrzunehmen und auf sie verständnisvoll zu reagieren. Wird nämlich diesen Bedürfnissen nicht Rechnung getragen, kommt es zu Enttäuschungen oder Aggressionen, die sich auf das Besprechungsklima, die Ergebnisqualität und oft auch auf die künftige Zusammenarbeit der Beteiligten nachteilig auswirken. Unter Umständen wird dadurch die Umsetzung beschlossener Maßnahmen gefährdet.

Sensibilität ist nötig

Der durch ein aggressives Besprechungsklima angerichtete langfristige Schaden für die Zusammenarbeit ist manchmal größer als der durch ein optimales Sachergebnis einmalig erzielte Nutzen.

Umgang mit der Besprechungszeit

Ein weiteres Zufriedenheits- und gleichzeitig Erfolgskriterium ist, inwieweit mit der Besprechungszeit rationell umgegangen wurde. Im Abschnitt „Kostenfaktor und Rationalisierungspotenzial" wurden hierzu bereits einige Betrachtungen angestellt und auch beispielhaft die Kosten einer Besprechung beziffert. Es wäre jedoch verfehlt, zu meinen, eine Besprechung sei generell umso effizienter, je kürzer sie ist. Bei der Beurteilung des Zeitaufwands spielen die folgenden Faktoren eine Rolle:

- der Umfang der Tagesordnung
- der Schwierigkeitsgrad der behandelten Fragen
- die Anzahl der Teilnehmer
- die Nützlichkeit der Besprechungsergebnisse

Auch Ergebnislosigkeit bringt Erkenntnisse

Führt eine Besprechung zu keiner Lösung, hat sie doch immerhin deutlich gemacht, dass das vorliegende Problem nicht (oder zurzeit nicht) gelöst oder die offene Frage momentan nicht geklärt werden kann. Sie hat in diesem Sinne einen Erkenntnisgewinn gebracht und höchstwahrscheinlich das Problembewusstsein und die Gefühlslage der Beteiligten richtungsweisend beeinflusst. Hinzu kommt, dass jede Besprechung ein Gruppenprozess ist und somit – in konstruktiver Weise durchgeführt – unabhängig vom Thema und Ergebnis etwas zum Gemeinschaftsgefühl und Zusammenarbeitsklima beiträgt. Doch wenn kein greifbares Sachergebnis erzielt wurde, sollte am Schluss der Besprechung zumindest eine Vereinbarung getroffen werden, wie weiterhin zu verfahren ist.

> **Selbst wenn eine Besprechung in der Sache zu keiner Lösung geführt hat, kann sie nützlich gewesen sein.**

In erster Linie ist der Gesprächsleiter dafür verantwortlich, dass beide Komponenten – Sachergebnisse und Teilnehmerzufriedenheit – ausgewogen zur Geltung kommen. Seine Aufgabe ist es, dafür zu sorgen, dass die bewährten parlamentarischen Diskussionsregeln eingehalten und die Grundsätze von Anstand und Fairness nicht verletzt werden. Der verantwortungsvollen und schwierigen Rolle des Gesprächsleiters ist deshalb auch ein Extrakapitel in diesem Buch gewidmet (ab Seite 108) Dennoch darf nicht übersehen werden, dass neben dem Gesprächsleiter auch jeder einzelne Teilnehmer eine Mitverantwortung für den Gesamterfolg der Besprechung trägt.

Verantwortlichkeit des Gesprächsleiters

Zeitdiebe in Besprechungen

Immer wieder hört man Klagen, Besprechungen würden sich oft zu lange hinziehen und die Ergebnisse stünden in keinem vernünftigen Verhältnis dazu. Die Gründe hierfür liegen meist in einem nicht gruppen- und zielkonformen Verhalten einzelner Teilnehmer, indem sie vorrangig ihre individuellen Bedürfnisse zu befriedigen versuchen, ohne dabei auf den Gesamterfolg der Besprechung Rücksicht zu nehmen. Statt sich auf die Arbeitsziele zu konzentrieren, werden Besprechungen oft als Podium missbraucht, die eigene Bedeutung oder Macht zu demonstrieren. Das gilt insbesondere für Unternehmen, in denen mit Repressalien geführt wird und ein angstbesetztes Klima herrscht. Wo jeder bemüht ist, keine Schwächen oder Fehler erkennen zu lassen, sein Ansehen zu wahren und seine Stellung zu festigen. Das kostet wertvolle Zeit und wirkt sich nachteilig auf die Besprechungsergebnisse aus.

Problematische Teilnehmerbedürfnisse

> **Videoauswertungen ergaben, dass oft 80 Prozent der Besprechungszeit von den Teilnehmern dazu aufgewendet werden, sich selbst darzustellen und die eigene Position zu verteidigen.**

Die Vielredner

Immer wieder reißen in Besprechungen einige Vielredner das Wort an sich, um in epischer Breite Belangloses von sich zu geben. Entsprechend frustriert sind natürlich die anderen. Je nach Mentalität reagieren die einen gereizt, während sich andere aus der gemeinsamen Diskussion verabschieden und störende Nebengespräche mit ihren Nachbarn führen. Menschen legen großen Wert darauf, angehört zu werden, sind selbst aber oft ungeduldig und entsprechend unaufmerksam.

Effizienzsteigerung ist notwendig und möglich

Die geschilderten zeitraubenden Besprechungshemmnisse sind jedoch keinesfalls zwingend, sondern lassen sich – das nötige Wollen und Können vorausgesetzt – vermeiden.

> **Erfahrungsgemäß kann bei herkömmlichen Besprechungen durch konsequente Vorgehensweise bis zu einem Drittel der Zeit eingespart werden.**

Meist ist es eine Frage der professionellen Besprechungsvorbereitung und zielorientierten Gesprächsleitung, inwieweit man ohne unnötige Umwege zu substanziellen Ergebnissen gelangt. In der folgenden Tabelle sind die am häufigsten anzutreffenden zeitraubenden Besprechungsmängel aufgelistet und was gegen sie unternommen werden kann.

Typische Zeitdiebe	Gegenmaßnahmen
Besprechung beginnt mit Verzögerung, weil der Raum nicht aufgeschlossen war	Raum rechtzeitig aufschließen beziehungsweise Schlüsselfrage klären
Verzögerungen wegen fehlender Sitzgelegenheiten oder falscher Sitzordnung	Möblierung zuvor begutachten und gegebenenfalls vervollständigen beziehungsweise korrigieren
ortsunkundige Teilnehmer kommen zu spät, weil sie den Besprechungsort/-raum nicht sofort gefunden haben	der Einladung einen Anfahr-/Lageplan beifügen, Hinweisschilder vorsehen, Pförtner verständigen
Besprechungsbeginn verzögert sich, weil sich einige Teilnehmer verspäten	trotzdem pünktlich beginnen, damit sich die schlechten Beispiele nicht auf die nächsten Besprechungen auswirken
Ablaufverzögerungen wegen defekter Geräte oder fehlender Materialien	rechtzeitige Funktionsprüfungen, Materialausstattung überprüfen und gegebenenfalls ergänzen
Teilnehmer verhalten sich anfangs zurückhaltend, weil sie nicht wissen, worum es geht	schriftlich unter ausführlicher Angabe der Besprechungsziele einladen und diese am Beginn nochmals nennen
immer wieder auftretende Themenabweichungen	Thema/Tagesordnung gut lesbar anschreiben, Besprechungsstruktur vorgeben, bei Abweichungen darauf verweisen
Teilnehmer äußern sich sehr weitschweifig	geplante Besprechungsdauer bei der Einladung angeben und bei Beginn – eventuell auch zwischendrin – daran erinnern
fruchtlose Wiederholungen	erarbeitete Ergebnisse als endgültig festhalten, gegebenenfalls protokollieren und bei Wiederholungen darauf verweisen
Teilnehmer ergehen sich vor allem in Selbstdarstellungen	Bezug zum Thema erfragen oder auf knappe Besprechungszeit hinweisen
Teilnehmer unterbrechen fortwährend die anderen	um Gesprächsdisziplin bitten, unter Umständen Wortmeldung vereinbaren
Teilnehmer belasten die Besprechung, indem sie andere wiederholt angreifen	Gründe des Konflikts erfragen, auf die Gesamtziele hinweisen und um konstruktive Mitarbeit bitten
Teilnehmer stören durch Nebengespräche	Gesprächsgründe erfragen und die Behinderung des Besprechungsablaufs bewusst machen
Teilnehmer lesen oder bearbeiten nebenher irgendwelche Vorgänge	durch Fragen oder direktes Ansprechen zur Mitarbeit bewegen

Typische Zeitdiebe	Gegenmaßnahmen
Besprechung verläuft wegen großer Teilnehmerzahl sehr träge	künftig die Teilnehmerkreise so klein wie möglich halten, für Detailfragen in Arbeitsgruppen aufteilen
störende Handytöne	bei Besprechungsbeginn das Abschalten der Geräte vereinbaren
Teilnehmer sind wegen Komplexität des Problems oder großer Faktenvielfalt überfordert	Problem mithilfe von Moderationsmitteln visualisieren, eingebrachte Informationen übersichtlich gliedern (z. B. Tabelle, Strukturbaum, Ablaufschema)
weniger wichtige Einzelheiten werden über Gebühr lange diskutiert	durch erneute Zielnennung auf das Wesentliche zurückführen oder die Ausführlichkeit begründen lassen
Teilnehmer sind zerstritten und finden zu keinem Konsens	Entscheidungsprozess systematisieren, zielgerechte Entscheidungskriterien vereinbaren
Debatte zieht sich trotz erzielter Übereinstimmung weiter in die Länge	zur Beschlussfassung auffordern oder Schlusswort sprechen

Vielen zeitraubenden Störungen kann schon durch eine sorgfältige inhaltliche und logistische Vorbereitung vorgebeugt werden, andere hingegen erfordern eine einfühlsame und trotzdem konsequente Gesprächsleitung.

2. Die Besprechung als Problem-lösungsprozess

Konfliktsituation beim Problemlösen in Gruppen

Man spricht von einem Problem, wenn die tatsächlichen Gegebenheiten von den gewünschten abweichen oder sie nicht den geltenden Normen entsprechen. Oder arbeitswissenschaftlich ausgedrückt:

Ein Problem ist eine Soll-Ist-Abweichung.

In Organisationen kommt es häufig vor, dass an der Lösung eines Problems mehrere Betroffene oder Fachkundige mitwirken sollen oder auch müssen und man sich deshalb zu einer Besprechung zusammensetzt. So will man beispielsweise gemeinsam

- Lösungen zu einem geplanten Projekt finden,
- den Typ einer zu beschaffenden Maschine auswählen,
- verfügbare Gelder oder Sachmittel bedarfsgerecht verteilen,
- nach Möglichkeiten zum Beheben eines technischen Fehlers suchen,
- eine Marketing- beziehungsweise Vertriebsfrage klären,
- personalwirtschaftliche Entscheidungen treffen oder
- ein Zusammenarbeitsproblem lösen.

Was ist ein Problem?

Ausgangs-konstellation ist ein Konflikt

Es liegt in der Natur der Sache, dass die Beteiligten dabei oft unterschiedliche Meinungen hinsichtlich der optimalen Lösung vertreten oder mit der Problemlösung gegensätzliche individuelle Absichten verfolgen. Problemlösungsbesprechungen liegt demzufolge stets eine Konfliktsituation zugrunde. Denn bestünden keine unterschiedlichen Auffassungen, gäbe es auch keinen Bedarf für einen Meinungsaustausch – könnte man sich den Aufwand einer gemeinsamen Besprechung sparen.

Typischerweise handelt es sich um einen Zielkonflikt („Was soll die Lösung bewirken?") oder um einen Verteilungskonflikt („Wer soll was bekommen?").

Hinderliche Emotionen

Damit es trotz der kontroversen Meinungen oder Absichten in Problemlösungsbesprechungen zu einer Übereinkunft kommen kann, muss ein Interessenausgleich erreicht werden. Ein Unterfangen, das sich oft als sehr schwierig erweist. Denn zwangsläufig löst es bei den Teilnehmern negative Gefühle aus, wenn ihre Wunschvorstellungen oder ihr Urteilsvermögen infrage gestellt werden. Eskaliert der Konflikt, geht es den Beteiligten irgendwann nicht mehr um das beste Sachergebnis, sondern jeder will nur als Sieger aus der Debatte hervorgehen.

Kommt es zu aggressiven Gefühlsäußerungen, kann sich aus dem ursprünglichen Sachkonflikt schnell ein Beziehungskonflikt entwickeln.

Ein ausufernder Beziehungskonflikt steht einem einvernehmlichen Besprechungsergebnis manchmal mehr im Wege als das eigentliche Sachproblem. Hier ist der Gesprächsleiter in besonderem Maß gefordert, um es nicht dazu kommen zu lassen.

Systematisierung des Problemlösungsprozesses

Sind die Teilnehmer einer Besprechung emotional betroffen, dann ist eine folgerichtige Ablaufstruktur besonders wichtig. Auf diese Weise ist es für den Gesprächsleiter weniger schwierig, bei Themenabweichungen oder polemischen Angriffen die Teilnehmer immer wieder auf das Besprechungsziel hinzulenken, ohne dabei oberlehrerhaft zu wirken oder jemanden persönlich zu kritisieren.

Um die Teilnehmer trotz emotionaler Betroffenheit bei der Sache halten zu können, ist der Besprechung eine folgerichtige Ablaufstruktur vorzugeben und diese konsequent zu verfolgen.

Trotz der zuvor angedeuteten Vielfalt der Problemarten folgen alle zielgerichteten Problemlösungsprozesse einer einheitlichen Logik. Deshalb sollten Problemlösungsbesprechungen stets entsprechend strukturiert sein. Diese Struktur resultiert aus drei grundlegenden Fragestellungen:

Einheitliche Systematik trotz Problemvielfalt

1. Was für ein Problem liegt vor?
2. Wodurch kam es zu dem Problem?
3. Wie lassen sich die Problemursachen und -auswirkungen beseitigen?

Orientiert man sich an dem in der folgenden Abbildung gezeigten Leitfaden, hat man größtmögliche Chancen, ohne erschwerende und zeitraubende Umwege zu bestmöglichen Lösungen zu kommen.

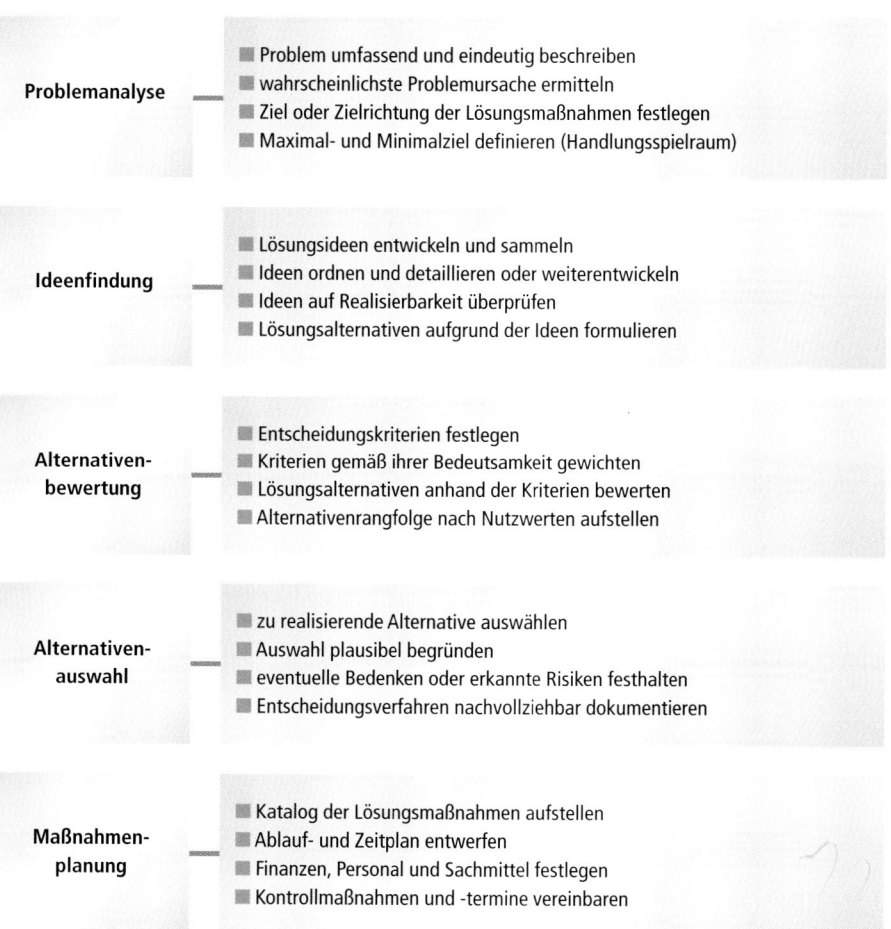

Problemanalyse
- Problem umfassend und eindeutig beschreiben
- wahrscheinlichste Problemursache ermitteln
- Ziel oder Zielrichtung der Lösungsmaßnahmen festlegen
- Maximal- und Minimalziel definieren (Handlungsspielraum)

Ideenfindung
- Lösungsideen entwickeln und sammeln
- Ideen ordnen und detaillieren oder weiterentwickeln
- Ideen auf Realisierbarkeit überprüfen
- Lösungsalternativen aufgrund der Ideen formulieren

Alternativen-bewertung
- Entscheidungskriterien festlegen
- Kriterien gemäß ihrer Bedeutsamkeit gewichten
- Lösungsalternativen anhand der Kriterien bewerten
- Alternativenrangfolge nach Nutzwerten aufstellen

Alternativen-auswahl
- zu realisierende Alternative auswählen
- Auswahl plausibel begründen
- eventuelle Bedenken oder erkannte Risiken festhalten
- Entscheidungsverfahren nachvollziehbar dokumentieren

Maßnahmen-planung
- Katalog der Lösungsmaßnahmen aufstellen
- Ablauf- und Zeitplan entwerfen
- Finanzen, Personal und Sachmittel festlegen
- Kontrollmaßnahmen und -termine vereinbaren

Kreative Besprechungstechniken zur Ideenfindung

Das Entwickeln von Lösungsalternativen ist der kreative Teil des Problemlösungsprozesses und von hoher Bedeutung für die Qualität der Problemlösung. Der Begriff „Kreativität" wird im allgemeinen Sprachgebrauch uneinheitlich verwendet. Im Zusammenhang mit dem Lösen von Problemen könnte die Definition lauten:

Kreativität bedeutet, neue sinnvolle Ideen zu entwickeln.

Bestimmte persönliche Grundeinstellungen und Befindlichkeiten, die die folgende Abbildung zeigt, können sich bei der Ideensuche kreativitätsmindernd auswirken.

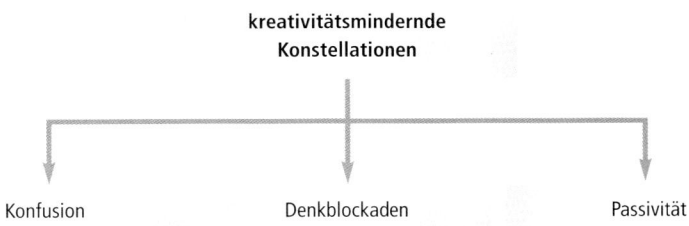

Diese Hemmnisse können verschiedenartige Ursachen haben:

■ Konfusion
– mangelnde Problemtransparenz
– diffuse Zielvorstellungen
– unstrukturierte Denkarbeit
■ Denkblockaden
– stressbedingte Hormonlage
– negative Gehirnkonditionierung
– einengende Erfahrungen und Gewohnheiten
■ Passivität
– Lustlosigkeit, Desinteresse, Ablenkungen
– allgemeine Antriebslosigkeit
– gewohnheitsmäßige Arbeitshaltung

In den vergangenen Jahrzehnten wurden zahlreiche Techniken zur Steigerung der Kreativität entwickelt. Sie alle zu beschreiben, würde den Rahmen dieses Buchs sprengen. Sie sind beispielsweise im Fachbuch „Entscheidungsfindung" nachzulesen (siehe Literaturhinweise). Einige der darin beschriebenen Kreativitätstechniken sind hier beispielhaft kurz erläutert.

Techniken gegen Konfusion

Problem umfassend beschreiben

Das Denken schriftlich unterstützen Bei schwierigen oder besonders komplexen Problemen sind die Strukturierung des Problems und die Systematisierung der Ideensuche besonders wichtig – und die Situation sollte daher schriftlich dargestellt werden. Dabei ist jedes problemrelevante Element zu berücksichtigen und die Beschreibung logisch zu gliedern. Die Schriftform zwingt zum disziplinierten Denken und lässt logische Brüche sowie fehlende Fakten erkennbar werden. Oft regt schon das Niederschreiben zu Lösungsansätzen an.

> **Der Konfusion bei Problemlösungsbesprechungen lässt sich durch Strukturierung des Problems und Systematisierung der Ideensuche entgegenwirken.**

Für Problemerläuterungen in Gruppen sind tabellarische oder bildhafte Darstellungen wie Mindmaps, Fluss-Schemata oder Diagramme hilfreich. Sie können Beziehungen und Abläufe besonders gut verdeutlichen. Als Visualisierungsmedien bieten sich hierfür ein Flipchart, ein Overhead-Projektor mit Projektionsfolien oder eine Moderationswand mit Stichwortkarten an.

Um Besprechungsteilnehmer zu logischen Gedankenketten anzuregen, eignet sich besonders gut die Darstellungstechnik des Mindmappings. Als Zeichengrundlage kann hierfür ein Flipchart oder besser noch eine mit Packpapier bespannte Moderationswand dienen. Ausgehend vom Textfeld mit der Problembenennung werden die entwickelten Grundideen wie die Äste eines Baums angefügt und bei fortführenden Lösungsideen weitere Verzweigungen gezeichnet. Durch unterschiedliche Farben und Umrandungen lassen sich dabei auch Prioritäten verdeutlichen oder besondere Anmerkungen hervorheben.

Das Mindmapping

Ein Schwachpunkt dieser Darstellungsform ist es, dass sich am Beginn des Ideenfindungsprozesses schwer abschätzen lässt, wie umfangreich die zu entwickelnde Mindmap wird, und man unversehens mit einer Verzweigung an den Blattrand gerät. Vermeiden kann man diesen Nachteil, indem man ein Computerprogramm verwendet – vorausgesetzt, im Besprechungsraum steht ein Beamer zur Verfügung. Unter anderem wäre hier das Programm „MindManager" der Firma MindJet zu nennen (siehe www.mindjet.de). Das abgebildete Beispiel auf Seite 50 wurde auf diese Weise erstellt. PC-Programme ermöglichen es auch, schnell und problemlos Änderungen vorzunehmen oder die grafische Darstellung mit einem Mausklick in eine Tabellenform umzuwandeln. Der Spontanität wegen ist diese Flexibilität gerade für die Moderation von Gruppenprozessen äußerst nützlich.

Hilfreiche Computerprogramme

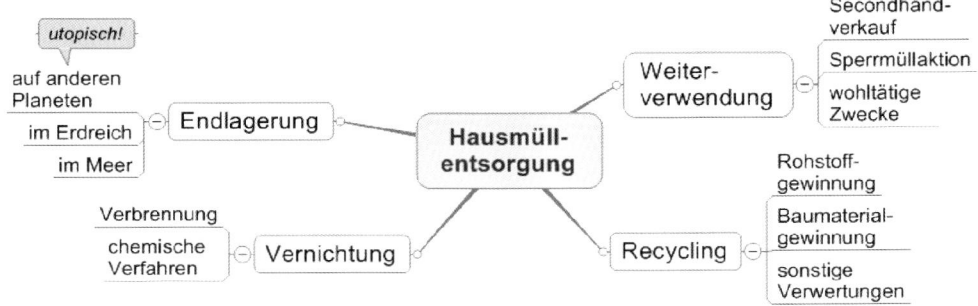

Systematisierung durch morphologische Techniken

„Strukturiertes Forschen"

Für die Systematisierung der Ideensuche eignen sich vorrangig die morphologischen Kreativitätstechniken. Deren Grundprinzip ist es, dass der Ideenfindungsprozess in zwei Schritten abläuft:

1. Analytische Phase

▪ Der Problemgegenstand wird in seine veränderbaren Elemente (Parameter) zerlegt.

▪ Zu den einzelnen Parametern werden völlig unabhängig voneinander Teillösungen entwickelt.

2. Synthetische Phase

▪ Sämtliche Teillösungen werden miteinander kombiniert.

▪ Als Gesamtlösung absolut ungeeignete oder nicht realisierbare Kombinationsergebnisse können hierbei bereits ausgesondert werden. Sie bleiben dann bei der späteren Alternativenauswahl unberücksichtigt. (Allerdings birgt das die Gefahr, eine sehr außergewöhnliche, aber gerade deshalb wertvolle Variante vorschnell zu verwerfen.)

Das bildhafte Erklärungsmodell dieser Methodik ist der sogenannte „morphologische Kasten" – in der folgenden Abbildung erläutert am Problembeispiel „Entwerfen einer neuen Verpackung für ein Parfüm".

Das Erklärungs-modell

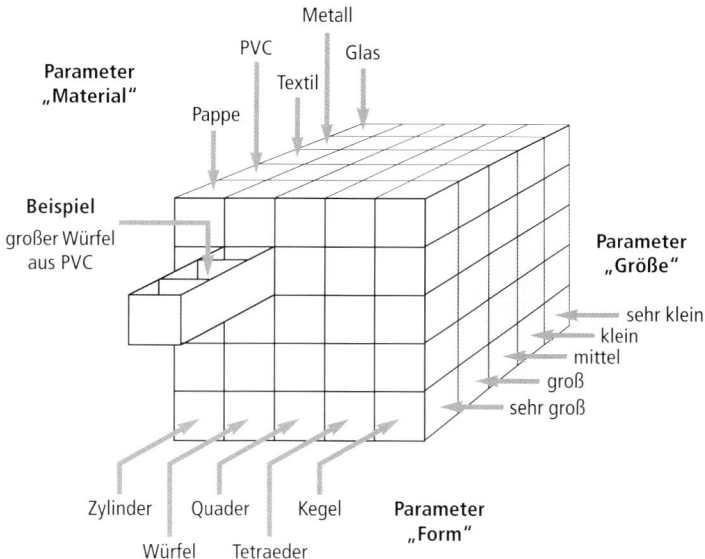

Das Gesamtproblem „neue Verpackung" wird hier in die drei Parameter „Form", „Größe" und „Material" zerlegt. Da für jeden der Parameter fünf Gestaltungsvarianten vorgesehen wurden, enthält der Kasten insgesamt 5 × 5 × 5 = 125 verschiedene Gesamtlösungen. Zieht man beispielsweise an der Vorderfront des Kastens eine beliebige „Schublade" aus der zweiten senkrechten Reihe auf, so beinhalten alle Fächer einen „Würfel". Zieht man von oben her eine der Schubladen aus der zweiten waagerecht verlaufenden Reihe auf, dann enthalten alle Fächer das Material „PVC". Von der rechten Seite her gesehen enthalten alle Schubladen der zweiten senkrechten Reihe die Dimension „groß". Eine der Lösungsalternativen wäre demzufolge: „großer Würfel aus PVC".

> Die morphologische Technik macht es sicherer, dass nicht durch planloses Vorgehen wertvolle Lösungsmöglichkeiten übersehen werden.

Bei komplexen Problemen hilfreich

Das Prinzip der morphologischen Ideenfindung eignet sich vor allem für Problemlösungsbesprechungen, bei denen es um besonders komplexe Probleme geht – Problemfälle, bei denen es den Teilnehmern wegen der Vielzahl der Problemelemente schwerfällt, brauchbare Lösungsmöglichkeiten zu erkennen. Geht man jedoch nach der morphologischen Systematik vor und zerlegt das Gesamtproblem zunächst in überschaubare Einzelprobleme, wird es transparenter und besser handhabbar. Auf diese Weise kann man sich zur Ideensuche auch in Kleingruppen aufteilen, und jede Gruppe kann ein anderes Teilproblem bearbeiten Dabei bietet es sich an, die Gruppen entsprechend der für die Teilprobleme notwendigen speziellen Fachkenntnisse zusammenzusetzen.

Überwinden typischer Denkblockaden

Für Stressfreiheit sorgen

> Jeglicher Zwang beeinträchtigt die freie Entfaltung kreativer Gedanken.

Belastende Einflüsse wie Zeitmangel, Terminnöte, Störungen, Ablenkungen, Überforderungen, Versagensängste, Kritik, Vorwürfe und Drohungen beeinträchtigen die Kreativität.

Derartige Zwänge lösen den natürlichen Stressmechanismus aus. Er bewirkt eine Hormonlage, die unter anderem das Denken behindert und sogar zu totalen Denkblockaden führen kann. Eine spannungsfreie Situation ist also Voraussetzung für kreative Prozesse. Persönliches Wohlbefinden hilft dabei nicht nur, Denkblockaden zu vermeiden, sondern regt außerdem im Gehirn durch die positive Stimmungslage die kreativitätsfördernden Alphaschwingungen an.

Der natürliche Stressmechanismus

Für kreative Denkprozesse ist es wichtig, sich eine weitestgehend spannungsfreie, angenehme Situation zu schaffen.

Als Besprechungsverantwortlicher sollte man daher für die Phase der Ideensuche folgende Voraussetzungen schaffen:

Günstige Besprechungsbedingungen

- Keinen unvermeidbaren Erfolgs- oder Zeitdruck ausüben – Ideenfindung ist keine reine Fleißarbeit
- Besprechungstermin vereinbaren, bei dem keine nachfolgenden Verpflichtungen der Teilnehmer den Zeitrahmen einengen
- Tageszeit wählen, bei der am wenigsten mit Störungen und Unterbrechungen zu rechnen ist; Ideenfindungsbesprechungen notfalls auch mal in den Feierabend legen, um dann schneller zum Ziel zu gelangen und so für alle Beteiligten Zeit zu sparen
- Störungsfreien Besprechungsraum wählen (kein ablenkender Straßen- oder Baulärm, keine Anrufe oder Besucher); notfalls einen Ortswechsel vornehmen
- Auf behagliche Raumbedingungen achten (Belüftung, Beheizung, Beleuchtung, Bestuhlung)
- Auf die Kondition der Teilnehmer Rücksicht nehmen: keine Zeiträume besonders hoher Arbeitsbelastung wählen und keine überfordernde Besprechungsdauer vorsehen, Erfrischungsgetränke und kleine energiespendende Süßigkeiten anbieten

▪ Dafür sorgen, dass die Kreativität der Teilnehmer nicht durch Kritik, Spott oder Aggressionen gebremst wird; auch zunächst abwegig erscheinende Ideen nicht vorschnell verwerfen, sondern vorurteilsfrei zur Kenntnis nehmen und diskutieren lassen

Das Brainstorming als bewährte Technik

Hemmende subjektive Erfahrungen

Einerseits liefern uns bereits gemachte Erfahrungen und erlerntes Wissen wichtige Anregungen für neue Ideen, andererseits können sie uns aber auch den Blick für Neues verstellen. Hat man mit bestimmten Lösungen des Öfteren gute Erfahrungen gemacht, wird es einem zunehmend unvorstellbar, ohne zwingenden Grund vom Bewährten abzuweichen, oder fehlt einem der Mut, einmal neue Wege zu erproben. Unser Gehirn sträubt sich normalerweise dagegen, Informationen oder Einfälle zu verarbeiten, die den bereits vorhandenen Gedächtnisinhalten widersprechen oder uns aufgrund unserer individuellen Logik als nicht plausibel erscheinen.

> **Vor allem die Brainstormingmethoden helfen, Stress zu vermeiden und im Unterbewusstsein aufgebaute Vorurteile und Denkbarrieren abzubauen.**

Die bereits Ende der 1930er-Jahre entwickelte Methode des Brainstormings hat sich als eine besonders wirksame Technik erwiesen, um bei Teilnehmern von Ideenfindungsgruppen die Hemmungen abzubauen, auch besonders ungewöhnliche, zunächst als abwegig oder gar verrückt erscheinende Einfälle zu äußern. Sie ist heute die bekannteste und wohl am häufigsten praktizierte Kreativitätstechnik.

Aus Angst, sich lächerlich zu machen oder sich zu blamieren, werden spontane Ideen oftmals schon verworfen, ehe sie überhaupt gedanklich vertieft wurden. Aber gerade das ist manchmal der Grund, warum es nicht zu tatsächlich neuen und originellen Lösungen kommt. Die Regeln des Brainstormings helfen einem, derartige innere Vorbehalte zu überwinden und seine Ideen spontan und unbefangen zu äußern. Darüber hinaus führen sie zu Assoziationen, das heißt, die Teilnehmer regen sich gegenseitig zu neuen Ideen oder zur Weiterentwicklung von bereits geäußerten an.

Spontanität und Assoziationen

Heutzutage werden auch herkömmliche Problemlösungsbesprechungen gerne als Brainstorming bezeichnet. Für manchen, der „in" sein möchte, steht der Begriff für jede Art von Ideenaustausch. Wenn es sich jedoch um eine echte Brainstormingsitzung handeln soll, muss sie von einem versierten Moderator geleitet werden, der dafür zu sorgen hat, dass bestimmte Brainstormingregeln eingehalten werden:

Einzuhaltende Regeln

1. Problem möglichst als konkrete Frage formulieren.

Es sollte keine diffuse Schilderung sein, sondern eine möglichst konkrete Beschreibung oder – besser noch – Fragestellung. Dabei ist es empfehlenswert, das Problem nicht nur mündlich zu erläutern, sondern die Beschreibung oder Frage zusätzlich zu visualisieren und die Teilnehmer aufzufordern, zunächst eventuelle Verständnisfragen zu stellen.

2. Spontanität geht vor Gewissenhaftigkeit.

Die Teilnehmer sind aufzufordern, ihre Gedanken unverzüglich und ohne jegliche Hemmung auszusprechen, ohne dass sie diese näher erläutern oder begründen müssen. Jeglicher Kommentar oder Fachdiskussionen, die den Ideenfluss unterbrechen, sollen unterbleiben. Daher sollten auch Rechtschreibfehler bei der Visualisierung toleriert werden. Auch sind die im Brainstorming einzusetzenden Materialien so vorzubereiten, dass es später nicht zu technisch bedingten Unterbrechungen kommen muss.

3. Quantität geht vor Qualität.

Es müssen alle Ideen akzeptiert und gut lesbar angeschrieben werden, auch wenn es sich um Wiederholungen oder möglicherweise Themenabweichungen handelt. Je mehr Ideen geäußert werden, desto mehr Assoziationsmöglichkeiten werden geschaffen und umso ausgefallener werden die Beiträge sein. Ist ein Bogen vollgeschrieben, ist er gut sichtbar aufzuhängen, damit die bisherigen Beiträge weiterhin zu neuen Gedankenflüssen anregen können.

4. Originalität geht vor Logik.

Damit möglichst viele unübliche Gedankenketten aufgebaut und neuartige Lösungen gefunden werden, müssen logische Einschränkungen unterbleiben. Auch unsinnig erscheinende Ideen können zu nützlichen Weiterentwicklungen anregen.

5. Jegliches Bewerten ist untersagt.

Insbesondere negative Kritik ist strikt zu unterbinden, da sie Befürchtungen aufkommen lässt, sich zu blamieren. Gerade derartige Denkblockaden soll das Brainstorming verhindern helfen. Auch Bemerkungen wie „Das hatten wir schon" beinhalten unterschwellig eine Rüge. Selbst nonverbale Abwertungen, wie Kopfschütteln oder missbilligendes Mienenspiel, sollen unterbleiben. Anerkennendes Lachen kann zwar beflügeln – schallendes Gelächter jedoch dazu führen, dass die Teilnehmer sich dann nur noch mit witzigen Beiträgen gegenseitig zu übertreffen suchen.

6. An die Ideen anderer soll angeknüpft werden.

Das Weiterführen oder Verfremden vorangegangener Beiträge ist kein Ideenklau, sondern ausgesprochen erwünscht. Das Anschreiben der Ideen soll zum gedanklichen Weiterentwickeln und Herstellen neuer Zusammenhänge anregen.

7. Der Prozess muss in Gang gehalten und notfalls neu angeregt werden.

Um den Prozess anzuregen, ist es nützlich, wenn der Moderator die einzelnen Zurufe noch einmal deutlich wiederholt, wodurch er gleichzeitig dem Schriftführer die Arbeit erleichtert. Kommt es zwischenzeitlich zu einem Versiegen des Ideenflusses, kann es anregend wirken, wenn der Moderator die Fragestellung sowie die bisherigen Ideen noch einmal vorliest. Auch kann er in solchen Phasen selbst die eine oder andere anregende Idee einbringen, sollte sich aber insgesamt eher zurückhalten, um nicht zu dominieren.

Das Brainstorming eignet sich allerdings nur für wenig komplexe Probleme oder für Fragestellungen, die sich mit einem Stichwort oder kurzen Satz beantworten lassen. Es sei denn, ein komplexes Problem lässt sich in Detailprobleme aufteilen, die dann in separaten Brainstormingsitzungen behandelt werden. Aus dem klassischen Brainstorming wurden allerdings im Lauf der Jahre einige schriftliche Verfahren entwickelt, die auch für komplexere Probleme einsetzbar sind. Sie werden als Brainwritingmethoden bezeichnet.

Nur für einfache strukturierte Probleme

Techniken gegen Passivität von Teilnehmern

Anregende Problemdarstellung

Je anschaulicher das zu lösende Problem für die Besprechungsteilnehmer ist, desto eher werden sie angeregt sein, daran aktiv mitzuwirken. Um das Teilnehmerinteresse zu steigern, sollte man daher als Gesprächsleiter

Eindeutigkeit, Transparenz, Nutzenaspekte

- die Ausgangslage und das Besprechungsziel klar und eindeutig beschreiben,
- komplexere Zusammenhänge durch Grafiken oder Tabellen verständlich machen,
- den persönlichen Nutzen des Besprechungsziels für die Teilnehmer verdeutlichen und

■ bei schwerwiegenden Besprechungsanlässen die Konsequenzen einer ausbleibenden oder unzureichenden Problemlösung aufzeigen.

Die Teilnehmer müssen den Sinn der Besprechung und den erzielbaren Nutzen erkennen können.

Aktivierendes Fragen

Gezielte Fragen

Einer gezielten Frage des Gesprächsleiters wird sich ein Besprechungsteilnehmer normalerweise nicht verweigern – schon um nicht als unwissend zu gelten. Hingegen kommt es der persönlichen Bequemlichkeit entgegen, wenn man bei einer allgemeinen Diskussion in der Masse untertauchen kann.

Fragen haben eine besonders aktivierende Wirkung und minimieren gleichzeitig – anders als Behauptungen – das Risiko, ablehnende Haltungen zu wecken.

Bei besonders passiven Besprechungsteilnehmern kann es sogar angebracht sein, sie durch provozierende Fragen oder eine völlig abwegig erscheinende These bewusst herauszufordern und so den trägen Besprechungsfluss zu beleben. (Als Gesprächsleiter sollte man es sich allerdings gut überlegen, ob man das zu erwartende „Echo" auch verkraften kann.)

Zum Perspektivenwechsel veranlassen

Eine weitere Möglichkeit, das Interesse der Teilnehmer zu wecken, ist, sie durch Fragen anzuregen, die Dinge einmal aus einer völlig ungewohnten Perspektive zu betrachten. Es eignen sich die in der folgenden Tabelle zusammengestellten Fragen.

Fragetyp	Frageformulierung
Begründung: Hinterfragen beziehungsweise Infragestellen der bisherigen Gegebenheiten oder Gewohnheiten	▨ Warum ist das so? ▨ Was hindert uns daran, es einmal anders zu versuchen?
Identifikation: Hineinversetzen in das Problemobjekt, Betrachtung der Problemsituation von innen nach außen	▨ Wenn ich selbst ein Bestandteil des Problems wäre, wie würde ich die Dinge dann sehen? ▨ Was würde ich als vom Problem persönlich Betroffener von einer Lösung erwarten?
Vorwegnahme: Ausmalen der Folgen möglicher Veränderungen oder Neugestaltungen	▨ Wie würde sich der Problembereich darstellen, wenn die Dinge anders wären? ▨ Was wären die positiven oder negativen Auswirkungen?

Es kann zu neuen Ideen anregen, wenn man versuchsweise einmal bewusst einen Standpunkt einnimmt, der im Widerspruch zu den eigenen Erfahrungen und hergebrachten Ansichten steht. Das trägt dazu bei, blockierende Voreingenommenheiten abzubauen.

Neuen Standpunkt einnehmen

Bewusst einen Standpunkt einzunehmen, der im Widerspruch zu den eigenen Erfahrungen und hergebrachten Ansichten steht, kann zu neuen Ideen anregen.

Ungenutzte Chancen
in der Besprechungspraxis

Selbst dort, wo die bewährten Kreativitätstechniken hinreichend bekannt sind, wird in Besprechungen oftmals auf sie verzichtet. Meist, weil man meint,

- das zu behandelnde Problem sei nicht allzu schwierig,
- es sei zu aufwendig, alle Teilnehmer mit der Technik vertraut zu machen,
- man würde als Initiator von den anderen als zu methodengläubig oder oberlehrerhaft angesehen werden oder
- die Zeit für das Verfahren reiche nicht aus.

Kreativität anregen Erst wenn im Widerstreit der unterschiedlichen Meinungen oder wegen fehlender Ideen die große Ratlosigkeit eintritt, wächst die Erkenntnis, dass eine systematisierte oder die Kreativität anregende Vorgehensweise hilfreich gewesen wäre. Doch dann ist bereits wertvolle Zeit vertan und so manche Unzufriedenheit geschaffen worden. Es reicht nicht aus, die möglichen Techniken zu kennen – man muss sie auch praktizieren.

Erfahrungsgemäß wird durch den Verzicht auf bewährte Ideenfindungstechniken die vermeintlich eingesparte Zeit später durch Konfusion und Ideenlosigkeit mehrfach draufgezahlt.

3. Zügiges Entscheiden in Besprechungen

Merkmale und Schwierigkeiten echter Entscheidungen

Besprechungen ziehen sich insbesondere dann manchmal schier endlos in die Länge, wenn es gilt, konkrete Entscheidungen zu treffen. Von einer echten oder wirklichen Entscheidungssituation spricht man, wenn

Zu lange Besprechungen

- mehrere Alternativen zur Auswahl stehen,
- die Auswahl zu treffen ist, ehe die Wahlmöglichkeiten durch neu eintretende Ereignisse eingeschränkt werden,
- die ernsthafte Absicht besteht, nach der Entscheidung etwas zu unternehmen, und
- die getroffene Entscheidung endgültig sein soll – sie nicht oder nur unter Verlust von Zeit oder Geld beziehungsweise unter Schwierigkeiten oder Ansehensverlust revidiert werden kann.

> Eine Entscheidung ist die rechtzeitige und endgültige Wahl des Weges, auf dem man etwas erreichen will.

Durch die oben genannten Situationsmerkmale fällt es den Besprechungsteilnehmern häufig schwer, sich auf eine gemeinsame Entscheidung zu verständigen.

61

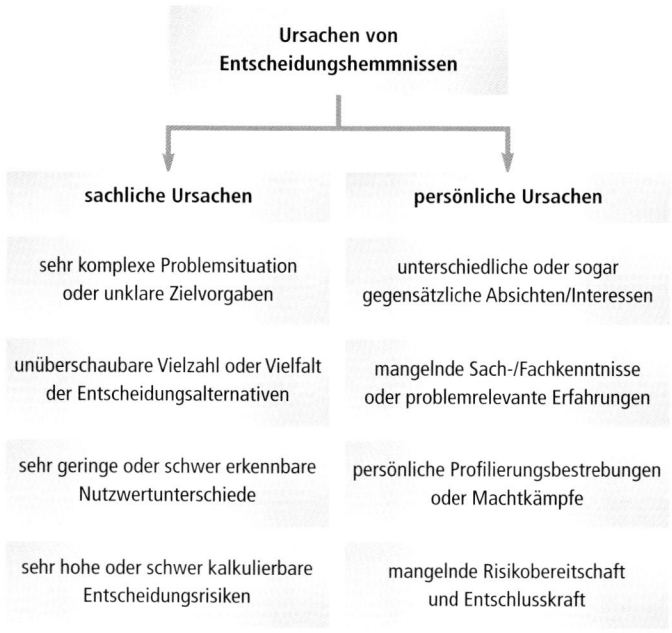

Komplexität menschlichen Entscheidungsverhaltens

Kaufentscheidungen sind häufig emotionsgeprägt

Menschen treffen viel öfter emotional geprägte Entscheidungen, als sie wahrhaben wollen. Später sind sie dann davon überzeugt, rein „vernunftgemäß" gehandelt zu haben. Beispielsweise werden 70 Prozent aller Kaufentscheidungen im Unterbewusstsein getroffen.

> Neuere Forschungsergebnisse der Gehirnphysiologie haben ergeben, dass Menschen weit häufiger unbewusste und emotional geprägte Entscheidungen treffen, als sie wahrhaben wollen.

Informationsverarbeitung im menschlichen Gehirn

Die Forschungsergebnisse belegen, dass die durch unsere Sinnesorgane aufgenommenen Informationen als elektrische Nervenimpulse zunächst über das Stammhirn in das limbische System gelangen. Es ist derjenige Bereich unseres Gehirns, der die Gefühle beherbergt, dem also unser emotionales Erleben entspringt. Am Eingang zum limbischen System befindet sich quasi als Pförtner der sogenannte Mandelkern (Amygdala). Dieses Gehirnareal ist die Kontrollinstanz, die darüber entscheidet, welchen emotionalen Wert die Informationen erhalten, ob sie mit positiven oder negativen Gefühlen besetzt werden. Erst mit diesen Bewertungen versehen werden die Informationen an das Großhirn zur rationalen Verarbeitung weitergeleitet.

Emotionales Bewerten

Das Großhirn ist der entwicklungsgeschichtlich jüngste Teil unseres Gehirns und ist für die hohe Intelligenz des Menschen verantwortlich. Im vorderen Bereich der Großhirnrinde befinden sich die Stirnhirnlappen. In ihnen sind unter anderem unsere persönlichen Grundeinstellungen und ethischen Werte gespeichert. Diese Grundsätze sind dafür maßgebend, welche Denkrichtungen und Reaktionen die empfangenen Informationen auslösen. Das Stirnhirn stellt ein Korrektursystem dar, ist sozusagen die höhere Instanz. Es gibt den anderen Hirnregionen Rückkopplungen und beeinflusst somit sowohl unsere Gedanken als auch unsere Gefühle.

Verstandesmäßiges Verarbeiten

Manchmal lässt das limbische System unsere innere Stimme sagen: „Den Kerl bringe ich um!" Nachdem uns jedoch das Stirnhirn mit unseren moralischen Grundsätzen konfrontiert und uns unser Verstand an die möglichen rechtlichen Folgen erinnert hat, machen wir es dann – im Allgemeinen – doch nicht. Das Beispiel verdeutlicht, dass in uns zunächst stets Gefühle ausgelöst werden und erst danach das Denken einsetzt, auch wenn wir uns dessen nicht bewusst sind. Ein-

Verstand versus Gefühl

erseits wird unser Denken durch Gefühle beeinflusst, andererseits wirkt unser Verstand regulierend auf unsere Gefühle. Limbisches System und Großhirn funktionieren in einem steten Wechselspiel.

Spontan reagieren wir oft willenlos

Experimente haben gezeigt, dass Nervenimpulse, die uns zu bestimmten Bewegungen veranlassen, in den unbewussten Hirnteilen bis zu einer halben Sekunde früher auftreten, als es zu bewussten Denkvorgängen kommt. Reizt man das Hirn von Versuchspersonen mit Elektroden dahingehend, dass sie automatisch nach einem Wasserglas greifen, deklarierten sie ihr unwillkürliches Handeln dennoch sogleich als bewusste Aktion. Sie erklären, sie „wollten" nach dem Glas greifen, weil sie Durst hatten.

> **Weit öfter, als wir denken, reagieren wir zunächst gefühls- oder triebgesteuert und konstruiert uns der Verstand erst danach eine logische Begründung.**

So sind wir oft überzeugt, uns absolut vernunftmäßig entschieden und gehandelt zu haben, obwohl das nicht stimmt. Diesen Verhaltensmechanismus nutzend, versucht die Werbung – oft mit bemerkenswertem Erfolg – gezielt Einfluss auf unsere Kaufentscheidungen zu nehmen. Auch unser Urteilsvermögen wird stark dadurch beeinflusst, dass emotional positiv besetzte Informationen – also all das, was wir für richtig und nützlich halten – vom Großhirn nachweisbar besonders bereitwillig aufgenommen und verarbeitet werden. Hingegen werden negativ besetzte möglicherweise völlig ausgeblendet und im Gedächtnis nicht gespeichert. Je stärker die positiven Gefühle, desto fester werden die Informationen im Gedächtnis verankert.

Instinktiv entscheiden wir meist so, wie es unseren positiven Erfahrungen entspricht, und lehnen neue – und damit risikobehaftete – Möglichkeiten eher ab.

Auswirkungen auf das Entscheidungsverhalten

Wir Menschen handeln also nie völlig emotionsfrei. Vielmehr sind Entscheidungen – und dazu zählen natürlich auch Kaufentscheidungen – stets von individuellen Wertvorstellungen und Erfahrungen geprägt, und dabei spielen meist auch situationsbedingte Gefühle des Entscheiders eine starke Rolle.

Es gibt keine rein rationalen und objektiven Entscheidungen, weshalb es auch keine einzig „richtige" Entscheidung geben kann.

Stets sind Emotionen mit im Spiel

Beispiel

Autokäufer sind meist davon überzeugt, eine rationale und vernünftige Kaufentscheidung getroffen zu haben, weil sie von den technischen Daten sowie der Ausstattung des Autos überzeugt sind und sie einen günstigen Preis ausgehandelt haben. Diese Begründungen für das Unterzeichnen des Kaufvertrags liefert ihnen ihr Verstand. Möglicherweise aber hat sie das limbische System schon weit früher eine unbewusste gefühlsgeprägte Kaufentscheidung treffen lassen: Weil vielleicht der Autoverkäufer bereits bei der Begrüßung einen sehr vertrauenswürdigen und verständnisvollen Eindruck gemacht hat, der von ihm empfohlene Wagen ein sportliches Image vermittelt und es sich außerdem um ein stark herabgesetztes Einzelstück mit Sonderausstattung handelt – obwohl der Kaufpreis letztlich dennoch deutlich über dem selbst gesteckten Kostenlimit lag.

Probleme der Entscheidungsfindung in Gruppen

Gründe für Gruppenentscheidungen

Häufig ist es zweckdienlich oder sogar unerlässlich, die wegen eines Problems notwendige Entscheidung nicht als Einzelperson zu fällen, sondern sie in der Diskussion mit anderen zu treffen oder zumindest vorzubereiten. Die Gründe hierfür können sein:

- keine Befugnis zur Alleinentscheidung
- großes Entscheidungsrisiko
- möglichst vielfältige Lösungsvorschläge
- Nutzung eines großen Wissens- und Erfahrungspotenzials
- Berücksichtigung der Belange von mehreren Betroffenen
- rechtzeitige und umfassende Information der Ausführenden
- Stärkung der Verantwortungsbereitschaft und Motivation von Mitarbeitern

Erschwerende Kriterienvielfalt

Beim Beheben von Problemen bieten sich in der Regel mehrere Lösungsmöglichkeiten, zwischen denen es zu wählen gilt. Diese Auswahlentscheidung fällt oft schwer, weil Probleme selten eindimensional sind, sondern meist komplexe Sachverhalte betreffen. Demzufolge sind gleichzeitig mehrere Entscheidungskriterien zu berücksichtigen, wenn man die Nutzwerte der verschiedenen Alternativen ermitteln und zur besten Lösung kommen will.

Beispiel

Geht man bei einer Wohnungssuche nur nach einem einzigen, momentan besonders wichtigen Kriterium vor – beispielsweise der niedrigsten Miete –, werden sich mit Sicherheit viele der sonstigen Wünsche nicht erfüllen lassen: ausreichend große und gut geschnittene Räume, attraktive Wohnlage, Verkehrsverhältnisse, sonniger Balkon und vieles mehr. Man wird also auch diese Kriterien bei der Wohnungswahl beachten müssen, was wiederum die Auswahlentscheidung verkompliziert. Ist man kein Single, sondern sucht für eine ganze Familie eine neue Wohnung, wird die Entscheidung noch schwieriger werden. Mit ziemlicher Wahrscheinlichkeit werden die anderen Familienmitglieder aufgrund ihrer individuellen Bedürfnisse und Interessen die Notwendigkeit und Bedeutsamkeit der einzelnen Entscheidungskriterien anders beurteilen und weitere Kriterien für wichtig halten.

Verständlicherweise haben alle Entscheidungsbetroffenen den Wunsch, dass die für sie persönlich bedeutsamen Kriterien vorrangig berücksichtigt werden. Somit kommt es bei Gruppenentscheidungen in aller Regel zu Interessenskollisionen. Die hohe Kunst der Gesprächsleitung besteht darin, trotz der Kriterien- und Interessensvielfalt zu einer von allen weitestgehend akzeptierten Vereinbarung zu gelangen.

Natürliche Interessenkollisionen

Das lässt sich nur erreichen, indem alle entscheidungsrelevanten Bedürfnisse und Interessen der Gruppenmitglieder zur Sprache kommen sowie angemessen und einvernehmlich berücksichtigt werden.

Gelingt es nicht, eine breite Akzeptanz für die Beschlüsse zu erzielen, wird selbst ein in der Sache optimales Ergebnis später möglicherweise nicht – oder nur mit ungenügendem Engagement – realisiert und der Besprechungsaufwand wäre vergebens gewesen.

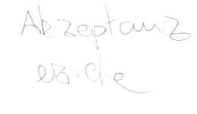

Systematischer und ergebnisorientierter Entscheidungsprozess

Vorweg sei angemerkt, dass es keinerlei genormte Entscheidungstechniken und auch keine verbindlichen Bezeichnungen gibt. Die im Folgenden vorgeschlagenen Techniken und Instrumente sind teilweise vom Autor selbst entwickelte Verfahren beziehungsweise Darstellungsformen.

> **Ehe es in einer Besprechung zur Beschlussfassung kommt, sollte die Entscheidung sorgfältig vorbereitet worden sein.**

Gremien ohne Entscheidungsbefugnis Es gibt Besprechungsgremien, deren einzige Aufgabe in der Entscheidungsvorbereitung besteht, die also nicht entscheidungsbefugt sind, sondern lediglich Empfehlungen für den beziehungsweise die Entscheider erarbeiten sollen – typisch hierfür sind Projektgruppen. Ihre Aufgabe beschränkt sich darauf, mittels der Sachkompetenz der Gruppenmitglieder das Vorhaben entscheidungsreif vorzubereiten.

Ziele der Entscheidungsvorbereitung In der Phase der Entscheidungsvorbereitung geht es darum, die denkbaren Lösungsalternativen dahingehend zu beurteilen, inwieweit sie geeignet sind, das Problem zu lösen. Bei einem systematischen Vorgehen geschieht das durch eine Analyse ihrer Kriterien und eine vergleichende Bewertung der Kriterienausprägungen – wie es die folgende Abbildung zeigt.

> **Eine Entscheidung vorzubereiten bedeutet, die Unterschiede der Lösungsalternativen zu erkennen und zu bewerten.**

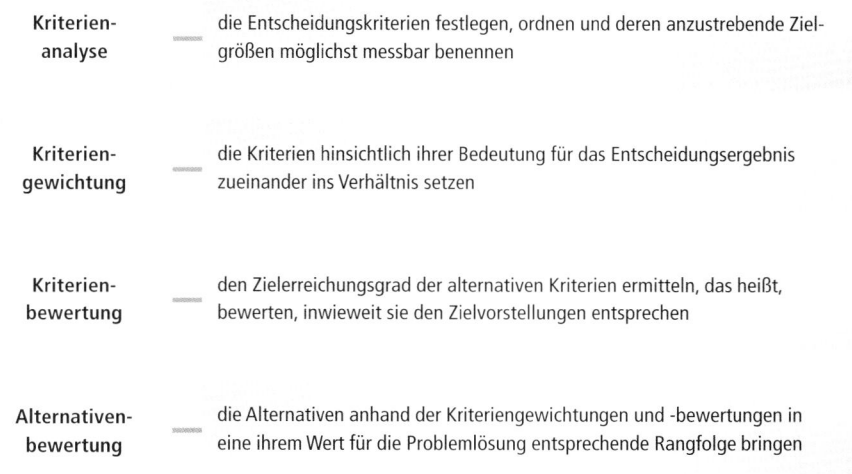

Kriterien-analyse	—	die Entscheidungskriterien festlegen, ordnen und deren anzustrebende Zielgrößen möglichst messbar benennen
Kriterien-gewichtung	—	die Kriterien hinsichtlich ihrer Bedeutung für das Entscheidungsergebnis zueinander ins Verhältnis setzen
Kriterien-bewertung	—	den Zielerreichungsgrad der alternativen Kriterien ermitteln, das heißt, bewerten, inwieweit sie den Zielvorstellungen entsprechen
Alternativen-bewertung	—	die Alternativen anhand der Kriteriengewichtungen und -bewertungen in eine ihrem Wert für die Problemlösung entsprechende Rangfolge bringen

Bei Gruppenentscheidungen ist deren Vorbereitung meist die schwierigste und konfliktträchtigste Phase, da hierbei zwangsläufig die von den Teilnehmern geäußerten Lösungsvorschläge bewertend diskutiert und somit ihre persönlichen Selbstwertgefühle berührt werden. Um dennoch zügig und ohne verletzte Gefühle zu einer bestmöglichen Entscheidung zu gelangen, sollte der Gesprächsleiter dafür sorgen, dass konsequent in folgerichtiger Weise gemäß dem obigen Phasenmodell vorgegangen wird.

Konfliktträchtigste Phase

Meint man auf eine systematische und sorgsame Entscheidungsvorbereitung verzichten zu können, rächt sich das meist bei der Beschlussfassung durch mehrfachen Zeitaufwand sowie mindere Ergebnisqualität und geringere Teilnehmerakzeptanz.

Wahl der Entscheidungskriterien

Die Kriterienwahl ist ein besonders wichtiger, wahrhaft vorentscheidender Schritt des Entscheidungsprozesses.

Oft der ausschlaggebende Schwachpunkt

Wie bereits am Beginn dieses Kapitels geschildert, hängt die Qualität einer Entscheidung ganz ausschlaggebend von den gewählten Bewertungskriterien ab. Bleibt nämlich ein wichtiges Kriterium unberücksichtigt oder wird ein untaugliches eingeführt, können auch die weiteren Schritte kein optimales Entscheidungsergebnis mehr erbringen. Gerade bei Entscheidungen in Gruppen verläuft der Entscheidungsprozess oft unbefriedigend, und die getroffene Entscheidung ist mangelhaft oder schlicht falsch, weil die wichtigsten problemrelevanten Kriterien nicht berücksichtigt wurden oder kein Einvernehmen über die Kriterienwahl erzielt wurde.

Der Gesprächsleiter sollte darauf bestehen, dass man sich bei jedem vorgeschlagenen Kriterium sofort einigt, ob es bei der Entscheidung berücksichtigt werden soll.

Kriterien verbindlich vereinbaren

Beim Festlegen der einzelnen Entscheidungskriterien handelt es sich um separate Teilentscheidungen im Rahmen des gesamten Entscheidungsprozesses. Erst danach sollten die weiteren Fragen diskutiert werden. Nur wenn zunächst die Kriterien einvernehmlich beschlossen werden – und sie bei der Entscheidung auch tatsächlich berücksichtigt werden –, kann eine von allen Teilnehmern getragene Vereinbarung erwartet werden.

Naturgemäß kann auch die Festlegung der einzelnen Entscheidungskriterien immer wieder zu heftigen Debatten führen. Schließlich erkennen es die einzelnen Teilnehmer meist sehr schnell, wenn ein bestimmtes Kriterium die Entscheidung in eine andere als die von ihnen persönlich angestrebte Richtung lenken würde, und argumentieren dagegen. Doch ist die Diskussion dann auf einen überschaubaren Detailbereich begrenzt, und die Teilnehmer werden gezwungen, ihre diesbezüglichen Standpunkte überzeugend zu begründen.

Durch eindeutig und verbindlich vereinbarte Entscheidungskriterien wird der Entscheidungsprozess transparenter und das Gesamtergebnis nachvollziehbarer.

Damit alle wichtigen Kriterien erkannt und bei der Beschlussfassung berücksichtigt werden, ist es hilfreich, die Kriterienwahl zu visualisieren. Das kann in Form eines grafischen Gliederungsbaums oder einer detaillierten Gliederungstabelle geschehen. Der Gliederungsbaum ermöglicht einen schnellen Überblick über die gesamte Problemstruktur und verdeutlicht fehlende Kriterien besonders gut. Die Gliederungstabelle bietet dagegen den Vorzug, dass darin bereits die anzustrebenden Ziele und gegebenenfalls auch die Gewichtung der Kriterien vermerkt werden können. Wie fein man die Kriterien gliedert, hängt von ihrer Komplexität sowie der angestrebten Genauigkeit der Entscheidungsvorbereitung ab.

Kriterienwahl möglichst visualisieren

Für eine sorgfältige Vorgehensweise empfiehlt es sich, zunächst alle denkbaren Entscheidungskriterien kritiklos zu sammeln und erst in einem zweiten Schritt diejenigen auszusondern, die für die Entscheidungsqualität keine nennenswerte Rolle spielen. Führt man unangemessen viele Kriterien

Angemessene Kriterienzahl einführen

ein, erschwert man sich unnötig das weitere Entscheidungs-verfahren. Selbstverständlich ist dabei je nach Tragweite der Entscheidung zu differenzieren. Sicher wäre eine sehr aus-führliche Kriterienauswahl angebracht, wenn es sich beim in den beiden nachstehenden Abbildungen gezeigten Pkw-Kauf um die grundsätzliche Investitionsentscheidung für den Fuhrpark eines großen Dienstleistungsunternehmens han-deln würde. Hingegen wäre diese große Kriterienzahl bei der Kaufentscheidung für einen einzigen Firmenwagen eher überzogen.

Kriterien formlos festhalten Wenn auf die oben beschriebenen Darstellungsformen ver-zichtet wird, sollten die Kriterien zumindest formlos, aber für alle sichtbar schriftlich festgehalten werden. Das gewähr-leistet, dass keine Kriterien im Eifer des Gefechts übersehen werden und sich der Gesprächsleiter im weiteren Entschei-dungsverlauf auf die gemeinsam vereinbarte Kriterienaus-wahl berufen kann.

> **Die vereinbarten Kriterien sollten immerhin auf einem Flipchart-Bogen formlos festgehalten werden.**

Wahl der Entscheidungskriterien

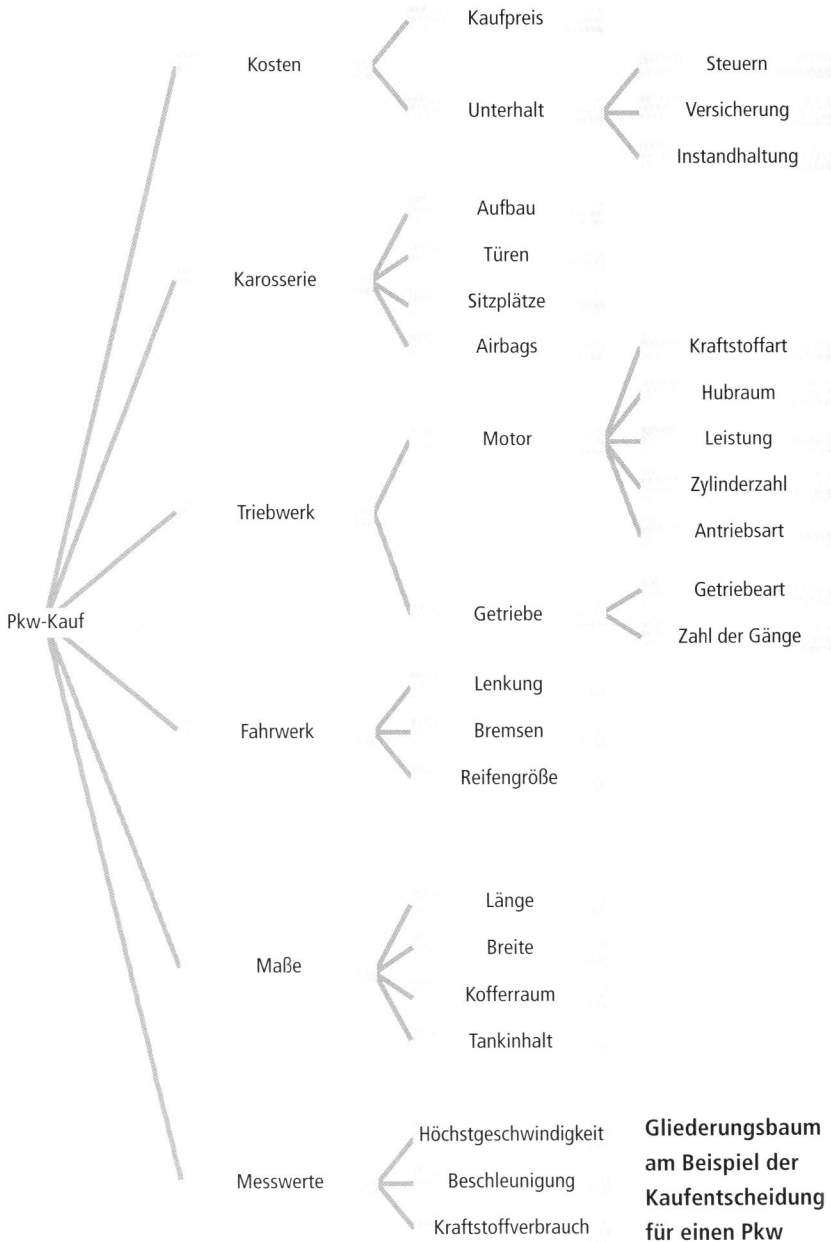

Gliederungsbaum am Beispiel der Kaufentscheidung für einen Pkw

1. Gliederungsebene			2. Gliederungsebene			3. Gliederungsebene		
Kriterienart	**Ziel**	**Gewich-tung**	**Kriterienart**	**Ziel**	**Gewich-tung**	**Kriterienart**	**Ziel**	**Gewich-tung**
Kosten	möglichst gering	20	Kaufpreis	maximal 20.000 €	12			
			Unterhalt		8	Steuer	maximal 120 Euro/ Jahr	2
						Versicherung	maximal 100 Euro/ Jahr	2
						Instand-haltung	maximal 500 Euro/ Jahr	4
Karosserie	Limousine	17	Aufbau	möglichst Schrägheck	2			
			Türen	mindestens 4	6			
			Sitzplätze	mindestens 4	9			
Triebwerk		23	Motor		16	Kraftstoffart	nur Diesel	3
						Hubraum	maximal 1800 ccm	2
						Leistung	mindestens 70 kW	6
						Zylinderzahl	vier	1
						Antriebsart	Frontantrieb	4
			Getriebe		7	Getriebeart	Automatik	5
						Zahl der Gänge	mindestens fünf	2
Fahrwerk		12	Lenkung	Servo-lenkung	5			

Gliederungstabelle für das Beispiel Pkw-Kauf (verkürzte Darstellung)

Gewichten und Bewerten der Kriterien

Die Kriteriengewichtung

Bei den meisten Problemfällen ist die Qualität der verschiedenen Lösungsmöglichkeiten von mehreren Kriterien abhängig, die aber für das Erreichen des Problemlösungsziels unterschiedlich bedeutsam beziehungsweise wichtig sein können.

> **Will man bei einer Entscheidung die Bedeutungsunterschiede der Entscheidungskriterien berücksichtigen, sind diese entsprechend zu gewichten.**

Bei anspruchsvolleren Entscheidungstechniken ist es üblich, auf die Entscheidungskriterien entsprechend ihrer Wichtigkeit insgesamt 100 Punkte zu verteilen, die man ebenso gut als Prozentsätze interpretieren kann. Das heißt, die Summe aller Gewichtungsfaktoren muss stets 100 sein. Im oben genannten Beispiel der Kaufentscheidung für einen Pkw wurden in der ersten Gliederungsstufe sechs Kriterien aufgeführt. Entsprechend ihrer Bedeutung für ein anzuschaffendes Fahrzeug könnte ihnen das Entscheidungsgremium folgende Gewichtungsfaktoren (G) zugeordnet haben:

Die gängige Skalierung

Kosten	$G = 20$
Karosserie	$G = 17$
Triebwerk	$G = 23$
Fahrwerk	$G = 12$
Maße	$G = 12$
Messwerte	$G = 16$
Summe	$G = 100$

Gewichtungen einvernehmlich festlegen

Die Höhe der Kriteriengewichtungen wirkt sich gravierend auf das Entscheidungsergebnis aus, hängt aber maßgeblich von den subjektiven Wertvorstellungen der Beteiligten ab. Daher ist es bei Gruppenentscheidungen wichtig, dass sich die Besprechungsteilnehmer hinsichtlich ihrer persönlichen Einschätzungen austauschen und die Gewichtungsfaktoren einvernehmlich festlegen. Nur dann werden alle das spätere Entscheidungsergebnis uneingeschränkt akzeptieren.

Die Kriterienbewertung

Kriterien sind die Messlatten der Nutzwerte

Die Kriterien sind quasi die Messlatten, an denen die Nutzwerte der Alternativen abgelesen werden. Dazu wird jede Alternative dahingehend begutachtet, inwieweit ihre einzelnen Kriterien geeignet sind, die angestrebten Problemlösungsziele zu erreichen. Man nennt diese Bewertungsgrößen daher „Zielerreichungsgrade".

> **Um eine Rangfolge der Lösungsalternativen aufstellen zu können, sind deren Entscheidungskriterien hinsichtlich ihres Nutzens für die Problemlösung zu bewerten.**

Vereinheitlichte Maßeinheit

Allerdings stellt sich dabei ein mathematisches Problem: Meist haben die zu berücksichtigenden Kriterien unterschiedliche Maßeinheiten. So wird beispielsweise der Kaufpreis eines Kraftfahrzeugs in Euro, die Motorleistung in Kilowatt und sein Kraftstoffverbrauch in Litern pro 100 Kilometer gemessen. Um die Gesamtnutzwerte der einzelnen zur Auswahl stehenden Fahrzeuge berechnen zu können, müsste man demzufolge – im Widerspruch zu den Regeln der Mathematik – Äpfel und Birnen addieren! Man beseitigt diese mathematische Hürde, indem man sämtliche Maßeinheiten in die in der folgenden Abbildung dargestellte einheitliche Bewertungsskala überführt.

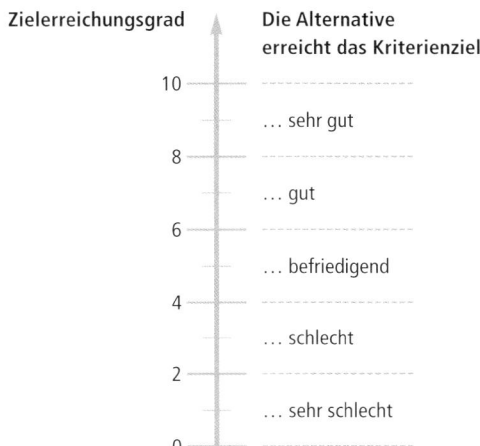

Zielerreichungsgrad

Die Alternative erreicht das Kriterienziel

10

… sehr gut

8

… gut

6

… befriedigend

4

… schlecht

2

… sehr schlecht

0

Das Bewerten von Wahrscheinlichkeiten

Echte Entscheidungen sind stets mit einem gewissen Grad der Unsicherheit verbunden. Zum einen, weil immer auch individuelle menschliche Wertvorstellungen zum Tragen kommen. Zum anderen, weil man oft vom Eintreffen in der Zukunft liegender entscheidungsrelevanter Ereignisse abhängig ist oder von nicht vollends abgesicherten Bewertungsdaten ausgehen muss. Beispiele sind langfristige Geldanlagen oder Kostenschätzungen bei Bauvorhaben.

Nie völlige Gewissheit

Bei sehr risikobehafteten Entscheidungen kann es daher angebracht sein, bei der Kriterienbewertung auch die Eintreffenswahrscheinlichkeit entscheidungsrelevanter Ereignisse und die Qualität der verfügbaren Daten zu berücksichtigen. Das geschieht, indem man anhand der in der folgenden Abbildung dargestellten Skala Wahrscheinlichkeitsfaktoren bildet.

Wahrscheinlichkeitsfaktoren bilden

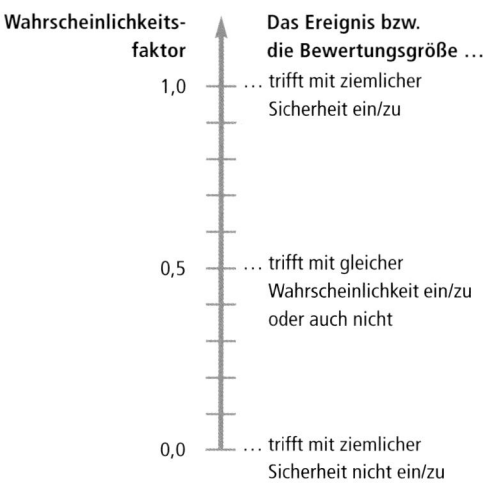

Andere Skalierungen

Wenigstufige Skalen
Bei Entscheidungen geringer Tragweite, die keinen hohen Verfahrensaufwand rechtfertigen, können zur Vereinfachung auch relativ grobe Skalierungen verwendet werden. Beispielsweise können Gewichtungsfaktoren von 1 bis 5 oder sogar nur von 1 bis 3 vorgesehen werden, die als „Bedeutung gering", „durchschnittlich" oder „hoch" definiert sind. Entsprechendes gilt für die Zielerreichungsgrade und für die Wahrscheinlichkeitsfaktoren.

Bewertung mit Symbolen
Wenn auf eine Kriteriengewichtung sowie Wahrscheinlichkeitsbewertung verzichtet wird und somit zur Nutzwertermittlung keine Multiplikationen erforderlich sind, können für die Kriterienbewertung auch Symbole verwendet werden. So wird im Abschnitt „Entscheidungstechniken zur Nutzwertermittlung" unter anderem die „Plus-Minus-Bewertung" vorgestellt (Seite 90 ff.), bei der die Symbole +, 0 und – (gut, befriedigend, schlecht) vorgesehen sind. Diese Art der Darstellung ist besonders plastisch und verständnisfördernd.

Entscheidungstechniken zur Risikominimierung

Für Entscheidungen, bei denen die Risikominimierung im Vordergrund steht, gibt es spezielle Techniken. Es handelt sich dabei um Entscheidungssituationen, bei denen schwer vorhersehbare Entwicklungen oder Ereignisse zu erheblichen Nachteilen, Verlusten oder Schäden führen können.

Der Entscheidungsbaum

Eine zur Risikominimierung einsetzbare Technik ist der sogenannte „Entscheidungsbaum", mit dessen Hilfe sich die gesamte Entscheidungssituation bildhaft und damit gut nachvollziehbar darstellen lässt. Diese Darstellungsform entspricht dem Mindmapping und kann auch mit denselben Computerprogrammen erstellt werden (siehe Kapitel 2, Seite 49).

Grafische Darstellungsform

Der Entscheidungsbaum veranschaulicht die Chancen sowie Risiken eines Vorhabens.

Die Methode beruht auf der Fragestellung: „Wenn wir eine bestimmte Entscheidung treffen oder ein bestimmtes Ereignis eintritt, dann könnte das welche Ereignisse auslösen beziehungsweise welche Konsequenzen nach sich ziehen?" Um Fehlinterpretationen zu vermeiden, ist das jeweilige Problemlösungsziel sorgfältig zu definieren und bei den weiteren Überlegungen stets im Auge zu behalten.

Grundlegende Fragestellung

Das nachstehend abgebildete Beispiel betrifft das Problem eines zu planenden Betriebsvergnügens, bei dem sich das dafür beauftragte Team nicht schlüssig ist, ob man besser einen Ausflug oder einen Tanzabend organisieren soll. Das Problemlösungsziel hierbei lautet: „Größtmögliche Zufriedenheit der Teilnehmer".

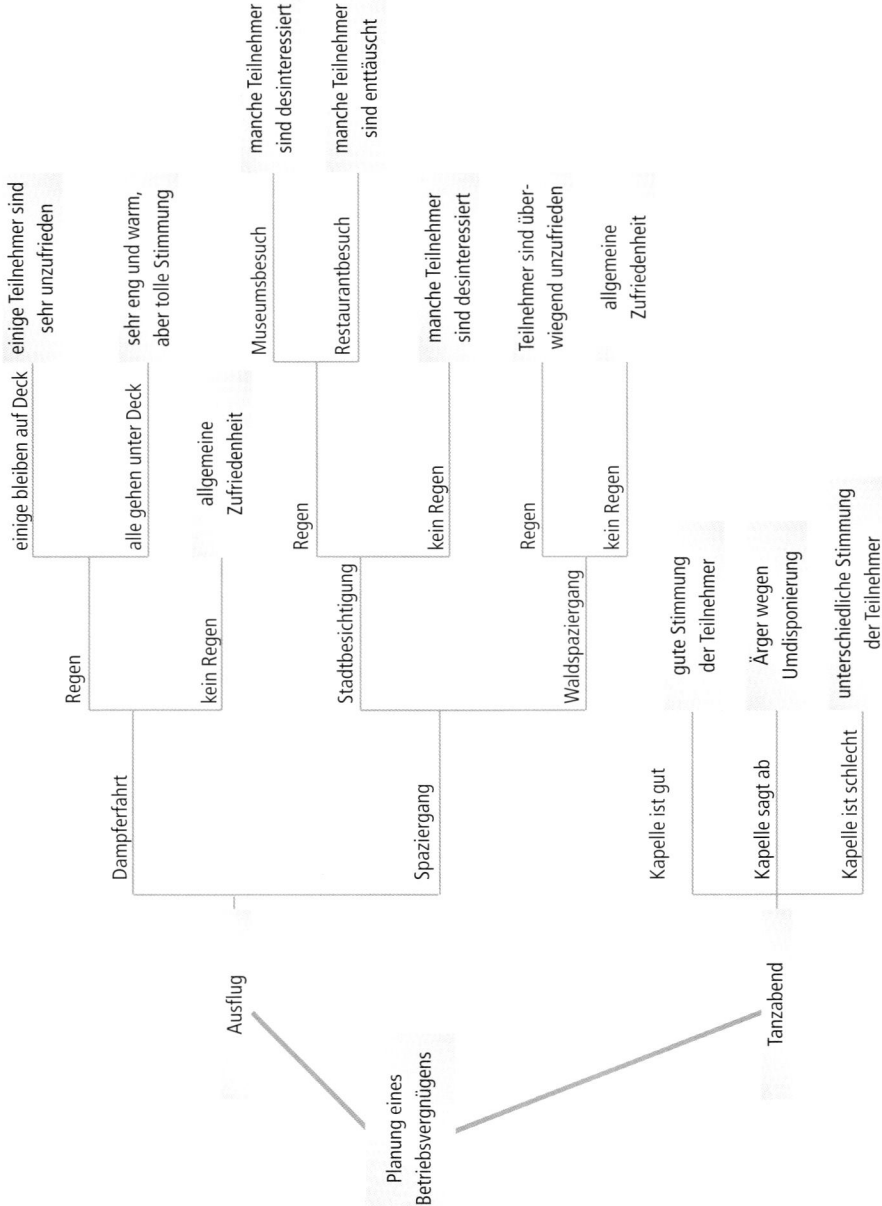

Durch diese unkomplizierte, rein grafische Darstellung werden die denkbaren Risiken bewusst gemacht. Allerdings nur hinsichtlich ihrer Art, nicht aber ihrer unterschiedlichen Ausprägungen. Will man auch eine Rangfolge der Alternativen hinsichtlich ihrer Risiken ermitteln, wären die einzelnen Äste des Baums bezüglich der Eintreffenswahrscheinlichkeit und Tragweite zahlenmäßig zu bewerten. Da diese Verfahrensweise relativ aufwendig und etwas schwierig zu beschreiben ist, soll hier nur auf diese Möglichkeit hingewiesen sein. Eine ausführliche Beschreibung finden Sie im Buch „Entscheidungsfindung" (siehe Literaturhinweise).

Zusätzliche Risikobewertung

Die Risikoanalyse

Mit der tabellarischen Risikoanalyse lassen sich die Risiken der Entscheidungsalternativen ausführlich beschreiben und ihre Konsequenzen differenziert bewerten. Die Tabelle auf Seite 82 zeigt ein Beispiel für die Risikoanalyse beim Kauf einer Wohnimmobilie – ein typischer Entscheidungsfall mit erheblichen Risiken unterschiedlichster Art.

Ist dieselbe Risikoart bei mehreren Alternativen gegeben, ist sie dennoch wiederholt einzutragen. Trifft sie allerdings auf alle Alternativen mit gleich hoher Wahrscheinlichkeit und Tragweite zu, kann sie vernachlässigt werden, da sie sich auf das Entscheidungsergebnis nicht auswirken kann.

Beschreibung der Risiken

Für wie wahrscheinlich man es hält, dass ein riskanter Umstand eintritt, wird mit dem Faktor W = (Eintreffens-)Wahrscheinlichkeit ausgedrückt. Dabei ist ein einziger Punkt zu vergeben, wenn das Eintreffen als sehr unwahrscheinlich angesehen wird, und 10 Punkte, wenn es als sehr wahrscheinlich, nahezu sicher eingeschätzt wird. Der Wert W = 0 ist nicht zu vergeben. Er würde besagen, dass das Risiko mit Sicherheit nicht eintreten wird (Rechenergebnis für den Risikowert = 0).

Eintreffenswahrscheinlichkeit

Risikoanalyse

Risikoanalyse	Problem:	**Erwerb einer Wohnimmobilie**	Datum: 10.07.08	Blatt-Nr.: 1

Wahrscheinlichkeit W:	Eintreffen des Ereignisses
	sehr unwahrscheinlich = 1 Punkt bis sehr wahrscheinlich = 10 Punkte
Tragweite T:	Auswirkungen des Risikos
	sehr gering = 1 Punkt bis sehr groß = 10 Punkte

Entscheidungs-alternativen	mögliche Risiken	Wahr-schein-lichkeit W	Trag-weite T	Risiko-wert W × T = R
Alternative 1:	steigende Hypothekenzinsen	7	3	21
Kauf eines	nicht erkannte Baumängel	4	5	20
Einfamilienhauses	sich steigernder größerer Instandsetzungsaufwand	4	4	16
vom Vorbesitzer	störendes soziales Umfeld	3	2	6
	Minderung der Umgebungsqualität (Bebauung, Verkehr usw.)	3	5	15
	sich später herausstellende Grundstücksaltlasten	1	8	8
	Gesamt-Risikowert der Alternative 1			**86**
Alternative 2:	steigende Hypothekenzinsen	7	3	21
Einfamilienhaus bauen	nicht erkannte Baumängel	2	5	10
	störendes soziales Umfeld	3	2	6
	Minderung der Umgebungsqualität (Bebauung, Verkehr usw.)	4	5	20
	erhebliche Verzögerung des Fertigstellungstermins	5	2	10
	Insolvenz der Baufirma	3	9	27
	Rechtsstreit mit Architekten, Lieferfirmen oder Handwerkern	2	3	6
	Gesamt-Risikowert der Alternative 2			**100**
Alternative 3:	steigende Hypothekenzinsen	7	3	21
Kauf einer neuen	nicht erkannte Baumängel	3	5	15
Eigentumswohnung	störendes soziales Umfeld	2	3	6
	Minderung der Umgebungsqualität (Bebauung, Verkehr usw.)	3	5	15
	Streitigkeiten innerhalb der Eigentümergemeinschaft	2	3	6
	Gesamt-Risikowert der Alternative 3			**63**
Alternative 4:	steigende Hypothekenzinsen	7	3	21
Kauf eines mehr-	nicht erkannte Baumängel	6	5	30
stöckigen Miets-	sich steigernder größerer Instandsetzungsaufwand	6	5	30
hauses (Altbau)	störendes soziales Umfeld	4	3	12
und Eigennutzung	Minderung der Umgebungsqualität (Bebauung, Verkehr usw.)	2	5	10
einer der	Mietausfälle	5	4	20
Wohnungen	wertmindernde und hinderliche Auflagen des Denkmalschutzes	1	7	7
	Gesamt-Risikowert der Alternative 4			**130**

Die negativen Konsequenzen im Fall des Eintreffens eines Risikos werden mit dem Faktor T = Tragweite bewertet. Ein einziger Punkt bedeutet, dass die Auswirkungen sehr gering sind, und 10 Punkte bedeuten, dass sie sehr schwerwiegend wären. (Auch hier entfällt der Wert 0, da es sich sonst um ein Risiko ohne negative Folgen, also kein echtes Risiko handeln würde.) Beim Einschätzen der Konsequenzen eines Risikos ist man leicht versucht, einem Risiko, dessen Eintreffen man ohnehin für sehr unwahrscheinlich hält, auch einen niedrigen T-Wert zu geben. Das würde jedoch das Gesamtergebnis verfälschen: Wenn das Risiko – obwohl höchst unwahrscheinlich – dann dennoch einträte, hätte es nun mal die entsprechenden Folgen. Die Bewertungen von Tragweite und Wahrscheinlichkeit dürfen nicht gefühlsbedingt gegenseitig beeinflusst sein.

Tragweite der Risiken

Durch Multiplikation beider Faktoren errechnet sich für jedes Risiko ein Risikowert $R = W \times T$. Sucht man den am wenigsten riskanten Weg, ist also die Entscheidungsalternative mit dem niedrigsten Gesamt-Risikowert zu wählen.

Die Risikowerte

Es kann aber durchaus vorkommen, dass eine Lösungsmöglichkeit zwar die geringsten Risiken aufweist, andererseits aber bei ihrer Realisierung den geringsten Nutzen bringen würde. Zur Ermittlung der Nutzwerte sind daher andere und gegebenenfalls zusätzliche Entscheidungstechniken einzusetzen. Techniken dieser Art sind im folgenden Abschnitt beschrieben.

Hat eine Entscheidungsalternative den geringsten Risikowert, muss sie nicht zwangsläufig auch den höchsten Nutzwert für die Problemlösung bieten!

Entscheidungstechniken zur Nutzwertermittlung

Bewertung der positiven Merkmale

Anders als bei den Verfahren zur Risikominimierung geht es bei der Nutzwertermittlung nicht um die negativen, sondern vorrangig um die positiven Gesichtspunkte der verschiedenen Problemlösungsmöglichkeiten, beispielsweise bei Kaufentscheidungen um die Auswahl des besten Produkts, bei Bauplanungen um den besten Entwurf oder bei Mängelbeseitigungen um die geeignetste Maßnahmenidee. Häufig geht es auch darum, ein Verteilungsproblem zu lösen. Wenn nämlich begrenzte Ressourcen wie Finanzen, Personal oder Sachmittel zu verteilen sind und nicht die Wünsche aller Beteiligten erfüllt werden können. Derartige Entscheidungsprozesse sind naturgemäß besonders gefühlsbesetzt, und es ist entsprechend schwierig, eine Einigung zu erreichen. Systematisierende Entscheidungstechniken können den Prozess versachlichen und wesentlich erleichtern.

Angemessener Methodenaufwand

Im Folgenden sind einige der einfachsten und mit geringem Aufwand zu praktizierenden Techniken beschrieben. Kompliziertere, damit weniger leicht zu verstehende und auch zeitaufwendigere Verfahren sind für die üblichen Besprechungen kaum geeignet. In aller Regel ist aus Ungeduld und wegen mangelnder Methodenkenntnisse bei den Teilnehmern keine Bereitschaft für sie zu wecken. In jedem Fall aber kommt es auf die Überzeugungskraft des Gesprächsleiters an.

> **Selbst bei relativ simplen Techniken stellt die Methodenakzeptanz oft ein entscheidendes Handicap für die Anwendung in Gruppen dar.**

Die Pro-und-kontra-Liste

Diese Technik eignet sich besonders gut für Entscheidungssituationen, in denen man relativ pauschale Gesamturteile zu fällen hat und die Alternativenzahl überschaubar ist. Der einfachen Handhabung wegen kann man dieses Verfahren ohne größere Verständnis- und Akzeptanzprobleme und ohne besonderen Materialaufwand auch in völlig ungeübten Gruppen einsetzen. Erfahrungsgemäß wird die Technik vor allem dann dankbar angenommen, wenn sich eine Gruppe bei einem komplexen Problem festgefahren hat und allgemeine Ratlosigkeit eingetreten ist.

Besonders leicht handhabbar

Man zeichnet zunächst am Flipchart oder auf einer Projektionsfolie für alle gut lesbar die folgende Tabelle.

Das Arbeitsverfahren

	Pro-Argumente	Kontra-Argumente
Alternative 1:		
Alternative 2:		
Alternative 3:		

In der ersten Spalte werden die einzelnen Entscheidungsalternativen stichwortartig beschrieben. Dann befragt der Gesprächsleiter die Teilnehmer zu den einzelnen Alternativen, welche Argumente sie dafür oder dagegen vorzubringen haben. Im Interesse einer systematischen Gedankenarbeit und aus den nachstehend erläuterten psychologischen Gründen ist es ratsam, der Reihe nach vorzugehen und nicht zwischen den Tabellenfeldern hin und her zu springen.

Objektivierung der Argumentation

In unstrukturierten Diskussionen neigen die Teilnehmer verständlicherweise dazu, bei ihrem eigenen oder einem von ihnen favorisierten Vorschlag nur die Vorteile hervorzuheben und dagegen vorgebrachte Bedenken zu zerstreuen. Durch die Pro-und-kontra-Liste werden sie jedoch dazu angeregt, beim systematischen Bearbeiten der einzelnen Tabellenfelder auch die anderen Vorschläge ernsthaft zu prüfen und nach Vorteilen zu suchen. Andererseits werden sie durch die Vorgehensweise ermutigt, mitunter von sich aus auf kritische Punkte ihres eigenen Vorschlags hinzuweisen.

> **In kontroversen Gruppendiskussionen löst die Pro-und-kontra-Liste oft hilfreiche psychologische Effekte aus.**

Emotionale Teilnehmerbedürfnisse

Dahinter steht das menschliche Bedürfnis, in der Gruppe mitzuwirken und nicht den Anschein mangelnder Sachkenntnis oder fehlenden Engagements zu erwecken. Mancher lebt dabei auch sein ausgeprägtes Geltungsbedürfnis aus. Außerdem halten sich die Teilnehmer durch ihre konstruktive Mitwirkung die Chance offen, bei einem sich als eindeutig besser erweisenden Vorschlag ihren eigenen ohne Gesichtsverlust zurückzuziehen.

Gesamtbewertung der Beiträge

Bei der abschließenden Alternativenbewertung sollte man sich allerdings nicht dazu verleiten lassen, aufgrund der optischen Textmengen zu entscheiden. Die Anzahl und der Umfang der Argumente sagen noch nichts über deren inhaltliche Qualität aus.

> **Schon die simple, pauschalierende Pro-und-kontra-Liste kann erheblich zur Transparenz und Versachlichung einer Entscheidungsfindung beitragen.**

Der vollständige Paarvergleich

Es geht bei der Technik des „vollständigen Paarvergleichs" um Entscheidungen, bei denen die Menge der Auswahlmöglichkeiten den Entscheidungsprozess unüberschaubar macht und das Vergleichen der Alternativennutzwerte erschwert. Durch paarweises Vergleichen der Alternativen wird der Bewertungsvorgang jedoch in einzelne übersichtliche Schritte gegliedert und dadurch eine unkomplizierte Rangfolgenbildung ermöglicht. Die Vorgehensweise stellt sicher, dass keine Alternative übersehen wird und alle mit gleicher Sorgfalt beurteilt werden. Allerdings verzichtet die Methode auf das spezifische Bewerten einzelner Alternativenmerkmale. Die folgende Tabelle zeigt ein dafür geeignetes Formular.

Paarweises Vergleichen erleichtert

Der „vollständige Paarvergleich" eignet sich für Probleme mit einer zwar großen Anzahl von Entscheidungsalternativen, die sich aber wegen ihrer einfachen Struktur mit knappen Pauschalurteilen bewerten lassen.

In die erste Spalte werden alle Lösungsalternativen als Alternative I eingetragen. Durch die Kennbuchstaben wiederholen sie sich als Alternative II in der Kopfzeile. Das erspart ein zweimaliges Eintragen. Das abgebildete Formular lässt maximal 20 Alternativen zu. Bei größerer Anzahl müssen horizontal und vertikal weitere Blätter angefügt werden.

Alternativeneintrag

Zeilenweise wird jede einzelne Alternative paarweise der Reihe nach mit allen anderen verglichen: Als Erstes wird also der Name A („Wasch") mit dem Namen B („Edelrein") verglichen und im ersten Matrixfeld der Kennbuchstabe des favorisierten Begriffs eingetragen. Danach wird „Wasch" mit dem Namen C („PureWash") verglichen, dann mit D und so weiter. Es genügt, dabei zunächst nur das rechte Dreiecksfeld auszufüllen.

Erster Paarvergleich

Vollständiger Paarvergleich

Problem: Auswahl eines Waschmittelnamens

Bearbeitungshinweis: Alternativen paarweise vergleichen und den Buchstaben der jeweils bevorzugten Alternative eintragen

Alternativen I ↓ / Alternativen II →	Kenn-buchstabe	A	B	C	D	E	F	G	H	I	J	K	L	M	N	O	P	Q	R	S	T	Anzahl d. Nennungen	Rangfolge
Wasch	A		B	C	A	E	F	G	H	A	A	A	L	M	N	O	A	Q	R			5	9
Edelrein	B			C	B	E	F	B	H	I	B	K	L	B	N	O	B	Q	B			7	7
PureWash	C				C	E	F	C	C	C	C	K	L	C	C	C	C	Q	C			12	3
Bergsee	D					E	F	G	H	I	J	K	L	M	N	O	D	Q	R			1	10
WaschRiese	E						F	G	H	E	E	E	E	M	E	E	E	Q	E			12	3
Megarein	F							F	F	F	F	K	F	F	N	F	F	F	F			15	1
Blütenrein	G								H	G	G	K	L	G	G	G	G	Q	G			10	5
Suprarein	H									H	H	K	H	H	N	H	H	Q	H			12	3
Adretta	I										I	I	L	I	N	I	I	Q	I			8	6
Natura	J											K	L	M	N	O	P	Q	R			1	10
Cleany	K												K	K	K	K	K	K	K			14	2
Die Waschfee	L													L	L	L	L	Q	L			12	3
Puretta	M														N	M	M	Q	M			7	7
Wäschetraum	N															N	N	Q	N			11	4
Wiesenduft	O																O	Q	O			6	8
Alpenweiß	P																	Q	R			1	10
Waschwunder	Q																		R			14	2
Quellwasch	R																					5	9
	S																						
	T																						

Danach wird in alphabetischer Reihenfolge ausgezählt, wie oft der jeweilige Buchstabe in der gesamten Matrix vorkommt, und die ermittelte Summe in die vorletzte Spalte eingetragen. Aus diesen Einzelsummen kann dann in der letzten Spalte eine entsprechende Rangfolge gebildet werden: Die Alternative mit der häufigsten Nennung erhält die Rangziffer 1.

Rangfolgenbildung

Erfahrungsgemäß verschieben sich während des kritischen Auseinandersetzens mit den einzelnen Alternativen manchmal die eigenen Wertgefühle. Daher kann es sinnvoll sein, zur Selbstkontrolle die Paarvergleiche zweimal durchzuführen, um auf diese Weise eventuelle „Fehler" zu relativieren. Für die Ergebnisse des zweiten Durchgangs steht die linke untere Dreieckshälfte zur Verfügung. Indem anschließend die Eintragungen des gesamten Matrixfelds ausgezählt werden, ergibt sich ein Durchschnittsergebnis für die Rangfolgenbildung.

Kontrollvergleich

Bei Entscheidungsfindungen in Besprechungsgruppen empfiehlt sich folgendes Vorgehen: Jedes Gruppenmitglied füllt für sich alleine eine Matrix aus. Anschließend werden die einzelnen Summen der Alternativennennungen vom Gesprächsleiter addiert, sodass sich eine gemeinsame Rangfolge ergibt.

Anwendung bei Gruppenentscheidungen

Wenn sich alle Teilnehmer im Vorfeld mit dieser Arbeitsweise einverstanden erklärt haben, werden sie das Ergebnis normalerweise ohne Weiteres akzeptieren. Hingegen ist eine Entscheidung in freier Diskussion meist sehr zeitraubend und einige Teilnehmer können mit dem Ergebnis unzufrieden sein.

Mithilfe des vollständigen Paarvergleichs können auch große Besprechungsrunden trotz hoher Alternativenzahl innerhalb weniger Minuten zu einer Einigung gelangen.

Die Plus-Minus-Bewertung

Unkompliziert, dennoch meist ausreichend

Die Plus-Minus-Bewertung ist ebenfalls eine relativ leicht zu erklärende und wenig zeitaufwendige Technik. Sie liefert aber dennoch für die meisten Praxisfälle eine gute Entscheidungsgrundlage. Der Vereinfachung wegen fließen alle Kriterien gleichgewichtig in die Nutzwertberechnung ein, was jedoch zwangsläufig die Ergebnisqualität einschränkt. Die Methode empfiehlt sich immer dann, wenn keine wissenschaftliche Genauigkeit angestrebt wird, sondern man bei Problemen mit begrenzter Tragweite zügig, aber zu dennoch gut begründeten und nachvollziehbaren Entscheidungen gelangen will. Die folgende Tabelle zeigt ein Beispiel dieser Technik.

Vorteile der Methode

Als Vorzüge gegenüber den präziseren und stärker differenzierenden Entscheidungstechniken sind zu nennen:

- geringe erforderliche Methodenkenntnisse
- leicht verständliche Bewertungen mit Symbolen
- geringer Arbeits- und Zeitaufwand
- gute Nachvollziehbarkeit des Lösungswegs durch Dritte
- universelle Einsetzbarkeit der Methode

Eintrag der Alternativen und Kriterien

Im Kopf der Tabelle zur Plus-Minus-Bewertung werden die ermittelten Lösungsmöglichkeiten aufgeführt und in der ersten Spalte die Entscheidungskriterien. Soll der Entscheidungsweg auch für Dritte unmissverständlich nachvollziehbar sein, ist es notwendig, auch die Kriterienziele zu nennen und so präzise wie möglich zu beschreiben. Bei einer Kaufentscheidung beispielsweise sollte dann statt nur „Kaufpreis" vollständiger formuliert „Kaufpreis möglichst unter 1400 Euro" oder noch präziser: „Kaufpreis maximal 1400 Euro" stehen.

Plus-Minus-Bewertung	**Problem: Ausmusterung eines Firmen-Kfz** Datum: 10.07.08								Blatt-Nr.: 1	
Zielerreichung:	sehr gut = + + gut = + befriedigend = o schlecht = – sehr schlecht = – –										
Lösungsalternativen → / Entscheidungskriterien ↓	Fahrzeug 1	Fahrzeug 2	Fahrzeug 3	Fahrzeug 4	Fahrzeug 5	Fahrzeug 6	Fahrzeug 7	Fahrzeug 8	Fahrzeug 9	
Alter des Fahrzeugs	+ +	– –	+	o	–	– –	–	+	+	
gefahrene Kilometer	+ +	–	o	o	– –	– –	o	+ +	–	
technischer Zustand (angefallene Instandhaltungskosten)	o	–	+ +	o	o	– –	–	– –	+ +	
Ladevolumen	– –	–	+ +	– –	o	+ +	+ +	–	– –	
Kraftstoffverbrauch	o	– –	+ +	–	–	o	– –	o	+ +	
äußerlicher Zustand	+ +	– –	+	–	o	– –	o	+ +	o	
Größe der Werbefläche	o	o	+ +	– –	– –	o	+ +	o	o	
Sitzkomfort	+ +	o	– –	o	o	+	–	+	+	
Gesamt-Nutzwerte	+ 6	– 9	+ 8	– 6	– 6	– 5	– 1	+ 3	+ 3	

Für die Bewertung der Kriterien der einzelnen Alternativen ist eine fünfstufige Skala vorgesehen, deren Skalenwerte (Zielerreichungsgrad) durch Symbole gekennzeichnet sind. Sie sind wie folgt definiert:

Kriterienbewertung

+ + = Zielerreichung sehr gut
+   = gut
0   = befriedigend
–   = schlecht
– – = sehr schlecht

Alternativen-rangfolge Die wenigstufige Bewertungsskala kann dazu führen, dass sich rein rechnerisch gleiche Alternativenränge ergeben – insbesondere bei geringer Kriterienzahl. Handelt es sich dabei um die beiden ersten Ränge, muss dann zwischen diesen beiden Spitzenreitern entschieden werden. Dazu können beispielsweise die beiden Bewertungen anhand des bedeutsamsten Kriteriums verglichen werden, um so zu einer Differenzierung zu gelangen. Sind auch diese Bewertungen gleich hoch, kann das zweitbedeutsamste Kriterium zur Entscheidung herangezogen werden und so weiter.

Die Nutzwertanalyse

Methoden-merkmale Die Nutzwertanalyse gleicht im Prinzip der Plus-Minus-Bewertung, bietet aber Möglichkeiten der Präzisierung. Die Entscheidungskriterien werden hinsichtlich ihrer Bedeutung zusätzlich gewichtet. Außerdem wird unterschieden zwischen lediglich anzustrebenden Kriterienzielen und solchen, die Bedingung, also zwingende Voraussetzung für die Problemlösung sind. Da hierbei mehrere Faktoren zu berücksichtigen sind (Gewichtung und Bewertung), muss gerechnet werden und kann demzufolge nicht mit Symbolen gearbeitet werden. Es sind daher numerische Skalen vorgesehen. Die folgende Tabelle zeigt das entsprechende Formular mit eingetragenem Beispiel.

Absolute Kriterien Im ersten Teil (I) der Tabelle zur Nutzwertanalyse werden zunächst die Bedingungen („Musskriterien") genannt – eingetragen. Also alle Kriterien, die in jedem Fall erfüllt sein müssen, damit eine Alternative für die Problemlösung überhaupt infrage kommt. Es will gut überlegt sein, ob man ein Kriterium in den Rang einer Bedingung erhebt, denn konsequenterweise muss jede Alternative bei der Entscheidung unberücksichtigt bleiben, die nicht alle Bedingungen erfüllt. Verfährt man beim Einführen von Bedingungen zu großzügig, kann es passieren, dass keine der Alternativen alle Bedingungen erfüllt und das Problem als unlösbar gelten muss.

Nutzwertanalyse

Problem: Kauf eines Pkw

Datum: 10.07.08 Blatt-Nr.: 1

Gewichtung G: Summe aller Gewichtungsfaktoren = 100
Bewertung Z: Zielerreichungsgrad von 10 bis 0 (Zielerreichung sehr gut bis sehr schlecht)
Nutzwert N = G u Z

Lösungs-alternativen → / Entscheidungs-kriterien ↓		Fahrzeugtyp A		Fahrzeugtyp B		Fahrzeugtyp C		Fahrzeugtyp D		Fahrzeugtyp E		Fahrzeugtyp F		Fahrzeugtyp G			
I. Bedingungen (absolute Kriterien), das heißt Kriterien, die erfüllt sein **müssen**		erfüllte Bedingungen ankreuzen (×) nur Alternativen weiterverfolgen, die alle Bedingungen erfüllen															
Kaufpreis (Listenpreis) maximal 15.000 Euro		×		×		×				×				×			
mindestens fünf Sitzplätze		×		×		×		×		×		×		×			
II. Bedingungen (aus Teil I) **und** relative **Kriterien** mit ihren **Zielgrößen** (**G**ewichtung × **Z**iel-erreichung = **N**utzwert)	G	Z	N	Z	N	Z	N	Z	N	Z	N	Z	N	Z	N	Z	N
Kaufpreis ≤ 15.000 Euro	25	4	100	8	200					2	50			9	225		
mindestens fünf Sitzplätze	25	8	200	8	200					8	200			8	200		
Kraftstoffverbrauch möglichst < 6 l/100 km	15	6	90	6	90					4	60			3	45		
möglichst Normalbenzin oder Dieselkraftstoff	6	0	0	0	0					0	0			10	60		
Höchstgeschwindigkeit möglichst > 180 km/h	7	2	14	4	28					7	49			4	28		
Tankinhalt möglichst > 50 l	4	4	16	4	16					6	24			5	20		
Kofferraum möglichst > 280 l	6	8	48	7	42					6	36			5	30		
möglichst mit Automatikgetriebe	5	0	0	0	0					0	0			10	50		
möglichst mit Fahrer- und Seitenairbags	4	10	40	10	40					10	40			10	40		
möglichst mit ABS	3	10	30	10	30					0	0			10	30		
Gesamt-Nutzwerte			538		646						459				728		

Relative Kriterien Im zweiten Teil (II) sind die relativen Kriterien einzutragen sowie die Bedingungen aus dem ersten Teil zu wiederholen. Würde man sie dort nicht noch einmal aufführen, kämen diese besonders wichtigen Kriterien bei den anschließenden Nutzwertberechnungen nicht zur Geltung.

Kriterienziele Zu den Kriterien sind außerdem die jeweiligen Kriterienziele – als möglichst messbare Zielgrößen – einzutragen. Um die Entscheidungskriterien hinsichtlich ihrer Zielerreichung zutreffend bewerten zu können, müssen die Ziele präzise und unmissverständlich formuliert sein. Das gilt insbesondere dann, wenn das Entscheidungsverfahren nachvollziehbar dargestellt werden soll, um andere Entscheidungsträger zu überzeugen oder die getroffene Entscheidung später rechtfertigen zu können. Beispielsweise wäre die Formulierung „Kaufpreis 15.000 Euro" missverständlich. Sie besagt nämlich, dass der Kaufgegenstand genau 15.000 Euro kosten soll – weder mehr noch weniger. Gemeint ist aber vermutlich „Kaufpreis maximal 15.000 Euro".

In der Spalte G der Tabelle ist durch entsprechende Faktoren zu kennzeichnen, welche Bedeutung für die Problemlösung man den einzelnen Kriterien zumisst. Da Bedingungen einen besonders hohen Stellenwert haben, erhalten sie folgerichtig stets die höchsten Gewichtungsfaktoren. Durch das Vergleichen der Kriterienausprägungen mit den Kriterienzielen wird danach der jeweilige Zielerreichungsgrad Z ermittelt.

Nutzwerteberechnung Durch Multiplikation des Gewichtungsfaktors G mit dem Zielerreichungsgrad Z errechnen sich die einzelnen Nutzwerte. Deren Addition ergibt schließlich den Gesamt-Nutzwert der einzelnen Alternativen, woraus sich dann eine Alternativenrangfolge ableiten lässt.

In der Kopfzeile des Formulars sind die für anspruchsvollere Verfahren üblichen Skalierungen vorgesehen (siehe Abschnitt „Gewichten und Bewerten der Kriterien", Seite 75). Zwecks Vereinfachung der Rechenoperationen und unter Verzicht auf hohe Ergebnispräzision kann man jedoch auch gröbere Skalierungen, zum Beispiel von 1 bis 5, verwenden.

Skalierungen

Es sei hier noch einmal betont, dass man erst dann zu Bewertungen übergehen sollte, wenn man sich sicher ist, alle entscheidungsrelevanten Kriterien erkannt und eingeführt zu haben.

4. Die Besprechung als Führungs- instrument

Im Gegensatz zu den mit Einzelpersonen zu führenden „Mit- arbeitergesprächen", werden Gespräche mit Mitarbeiter- gruppen als „Mitarbeiterbesprechungen" bezeichnet. Auch sie sollen nicht nur Sachergebnisse liefern, sondern beein- flussen gleichzeitig das Arbeitsverhalten der Mitarbeiter.

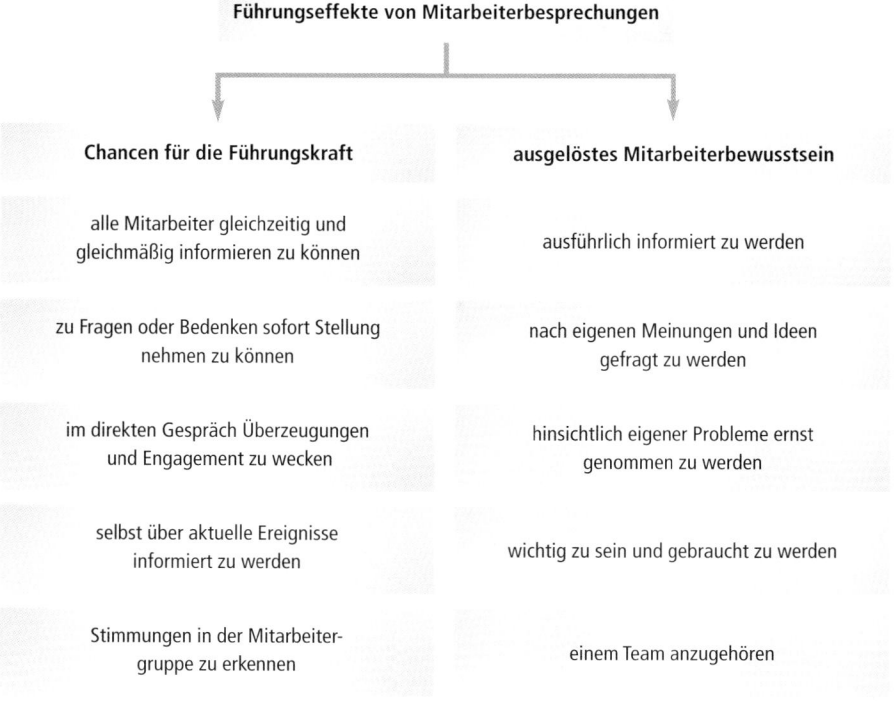

Führungseffekte von Mitarbeiterbesprechungen

Chancen für die Führungskraft	ausgelöstes Mitarbeiterbewusstsein
alle Mitarbeiter gleichzeitig und gleichmäßig informieren zu können	ausführlich informiert zu werden
zu Fragen oder Bedenken sofort Stellung nehmen zu können	nach eigenen Meinungen und Ideen gefragt zu werden
im direkten Gespräch Überzeugungen und Engagement zu wecken	hinsichtlich eigener Probleme ernst genommen zu werden
selbst über aktuelle Ereignisse informiert zu werden	wichtig zu sein und gebraucht zu werden
Stimmungen in der Mitarbeiter- gruppe zu erkennen	einem Team anzugehören

Gespräche sind die wirksamsten Instrumente der Personalführung.

Beiderseitiger Informations- und Kommunikationsbedarf

Ohne einen intensiven Austausch von Informationen und Meinungen ist in Organisationen kein koordiniertes und zielstrebiges Arbeiten denkbar. Dabei geht es jedoch nicht nur um aufgabenbezogene Sachinformationen, sondern auch um das Vermitteln von Anschauungen, Gefühlen und Wünschen. Wertschätzende emotionale Botschaften können die Mitarbeitermotivation steigern sowie verlässliche Beziehungen zwischen Vorgesetzten und Mitarbeitern entstehen lassen. Beide Seiten, Mitarbeiter wie Führungskräfte, sind auf die Informationen der jeweils anderen angewiesen, wie die folgende Abbildung zeigt.

Intensiver Austausch notwendig

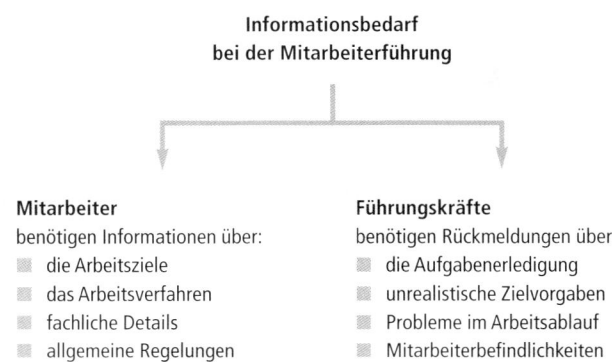

Informationsbedarf
bei der Mitarbeiterführung

Mitarbeiter
benötigen Informationen über:
- die Arbeitsziele
- das Arbeitsverfahren
- fachliche Details
- allgemeine Regelungen

Führungskräfte
benötigen Rückmeldungen über:
- die Aufgabenerledigung
- unrealistische Zielvorgaben
- Probleme im Arbeitsablauf
- Mitarbeiterbefindlichkeiten

> Der Zeitaufwand für rechtzeitig geführte Mitarbeiter-besprechungen zahlt sich meist aus, indem sich sonst später eventuell notwendige Motivierungs- oder Konflikt-gespräche erübrigen.

Häufig beklagte Kommunikations-defizite

Befragungen in Unternehmen ergeben immer wieder, dass Kommunikation und Information wichtige Faktoren der Arbeitszufriedenheit sind. Sollen Mitarbeiter benennen, womit sie im Unternehmen unzufrieden sind, so rangiert fast immer auf einem der ersten Plätze eine als unzureichend empfundene Kommunikation zwischen Führenden und Geführten. Auch zeigt es sich immer wieder, dass das Bedürfnis nach persönlichen Kontakten zum Vorgesetzten in den letzten Jahrzehnten eher zugenommen hat. Sicher spielen hierbei die vereinzelnden Produktionsverfahren und Computertätigkeiten, aber auch der zunehmende Zeitmangel eine große Rolle. Bei den Mitarbeitern wächst dadurch das Gefühl, dass sie nicht mehr wahrgenommen werden und ihre Sorgen und Wünsche ihrem Vorgesetzten unwichtig sind.

Wichtiger Faktor des Unternehmens-erfolgs

So kann es nicht verwundern, wenn diesbezügliche Untersuchungen zu dem Schluss kommen, dass Unternehmen durch eine intensive und offene interne Kommunikation erheblich zum Vertrauen sowie zum Engagement ihrer Mitarbeiter beitragen und damit den Unternehmenserfolg steigern. Bedauerlicherweise ergeben andere Untersuchungen aber auch, dass Deutschland hinsichtlich der Kommunikationskultur in Unternehmen im europäischen Vergleich einen der letzten Plätze belegt. Am besten schnitten die skandinavischen Länder ab, allen voran Dänemark. Seit über 30 Jahren durchgeführte Mitarbeiterbefragungen weisen auch nach, dass Unternehmen mit steigenden Umsätzen und einem erfolgreichen Management sich meist durch eine gute interne Informationspolitik auszeichnen.

Bleiben offizielle Informationen aus, versuchen sich die Mitarbeiter auf inoffiziellen Wegen Gewissheit zu verschaffen. Das ist der Nährboden für Gerüchte, Halbwahrheiten und Spekulationen. Nimmt diese Art der Informationsflüsse überhand, führt das zu einem Klima des Misstrauens und es kommt zu Verdächtigungen bis hin zu gezielten Verleumdungen. Keiner möchte als unwissend gelten und man überbietet sich förmlich im Produzieren von Gerüchten.

Informationsmangel führt zu Spekulationen

Information schafft Sicherheit – Sicherheit fördert Vertrauen – Vertrauen bewirkt Mitarbeiterengagement.

Als Führungskraft sollte man daher trotz knapper Zeit jede Gelegenheit für Gespräche mit seinen Mitarbeitern wahrnehmen. Dazu gehören nicht nur die persönlichen Einzelgespräche, sondern auch Besprechungen mit ganzen Mitarbeitergruppen. Parallel zur Sachebene wird dabei stets auch auf der Gefühlsebene kommuniziert und es werden oftmals mit Sachbeiträgen indirekt auch emotionale Botschaften gesendet. In der Art und Weise, wie ein Mitarbeiter seine Meinung vorträgt, offenbaren sich meist seine Stimmung, Wünsche oder Sorgen. Registriert er sie aufmerksam, verschafft das dem Vorgesetzten Erkenntnisse, die für seine Führungsaufgaben von hohem Nutzen sein können.

Jede Gesprächsmöglichkeit nutzen

Auch in einer reinen Sachbesprechung erfährt man – die nötige Sensibilität vorausgesetzt – stets etwas über das Gruppenklima sowie die Befindlichkeiten einzelner Mitarbeiter.

Die Wahl zwischen mündlicher und schriftlicher Information

Überbewertung der Schriftform

Manche Vorgesetzten vertreten die Meinung, dass es grundsätzlich wirkungsvoller ist, wichtige Informationen an die Mitarbeiter schriftlich weiterzugeben. In Form von detaillierten schriftlichen Arbeitsanweisungen, Rundschreiben, Aushängen und Ähnlichem. Sie glauben, den Mitarbeitern die Informationen dadurch präziser und verbindlicher zu übermitteln und so deren Beachtung sicherer zu machen. Das ist jedoch ein – wenn auch weit verbreiteter – Trugschluss. Insbesondere ausführlichere Schriftstücke werden meist nur oberflächlich gelesen oder sogar gänzlich ignoriert. Hinzu kommt, dass auch geschriebene Texte niemals völlig unmissverständlich sein können, da Sprache nun mal mehrdeutig ist. Unterschiedliches Sprachempfinden, mehrfach besetzte Begriffe, komplizierte Satzkonstruktionen sowie Schreibfehler führen immer wieder zu Missverständnissen oder Unterlassungen. Selbst von Experten verfasste Gesetzestexte erfordern oft sogar mehrmalige kommentierende Ergänzungen. Als geringstes Übel ziehen Verständnisprobleme zeitraubende Rückfragen nach sich.

Unmittelbare Rückkopplungen im Gespräch

Zwar können mündliche Informationen ebenso missverständlich sein. Jedoch bietet das Gespräch dem Gegenüber die Gelegenheit, seine Fragen oder Bedenken unmittelbar zu äußern. Und selbst wenn der andere nichts sagt, kann man eventuelle Zweifel meist an seiner Mimik oder Gestik ablesen und gegensteuern.

Häufig beruht die Tendenz zur schriftlichen Mitarbeiterinformation vorrangig auf dem Streben nach persönlicher Absicherung.

Sich ständig durch Schriftstücke absichern zu wollen, zeugt von mangelndem Selbstbewusstsein und wird von den Mitarbeitern schon bald als Ausdruck des Misstrauens empfunden. Die für den Führungserfolg so wichtige tragfähige Vertrauensbasis kann sich unter diesen Bedingungen nicht entwickeln. Damit soll nicht bezweifelt werden, dass auch in der Mitarbeiterführung bei bestimmten Gegebenheiten Entlastungsbeweise unverzichtbar sind, beispielsweise bei gesetzlichen Sicherheitsbestimmungen. Auch kann es in manchen Fällen für beide Seiten nützlich sein, mündliche Absprachen ergänzend schriftlich festzuhalten – für den Mitarbeiter als gedächtnisentlastende Arbeitshilfe und für den Vorgesetzten als spätere Kontrollunterlage. Jedoch sollten das die Ausnahmen sein.

Permanente Schreiben lösen Misstrauen aus

> **Bei der unmittelbaren Mitarbeiterführung sollte ein schriftliches Informieren stets von der Sache her begründet und für die Mitarbeiter einleuchtend sein.**

Die Arten von Mitarbeiterbesprechungen

Mitarbeiterbesprechungen können aus sehr unterschiedlichen Gründen durchgeführt werden und können unterschiedlichen Zielen dienen. Wie auch immer diese Ziele geartet sind, steigern Besprechungen in aller Regel bei den Mitarbeitern das Verantwortungsbewusstsein, die Motivation und ihr Gemeinschaftsgefühl.

Ob sich diese Effekte einstellen, hängt allerdings maßgeblich davon ab, inwieweit der Vorgesetzte in der Gesprächsleiterrolle nicht nur die Sachziele, sondern auch die Mitarbeitergefühle beachtet. Andernfalls können Besprechungen für die Mitarbeiter frustrierend verlaufen, weil sie ihre Meinungen

Auch die Gefühle beachten

und Bedürfnisse nicht hinreichend zur Geltung bringen können oder Konflikte ausgelöst werden.

> Auch Mitarbeiterbesprechungen sind Arbeitsprozesse und müssen daher zweckentsprechend organisiert sein und zielorientiert ablaufen.

Zusammensetzung und Steuerung der Besprechungen

Je nachdem, welche Ziele verfolgt werden, ist der Teilnehmer- kreis anders zusammenzusetzen und ist eine andere Art der Leitung sowie Steuerung sinnvoll. Die folgende Tabelle gibt hierzu einige Hinweise.

Besprechungsziel	Teilnehmer	Gesprächsleiter	Hinweise für die Gesprächsleitung
Informationen geben	alle zu informierenden Mitarbeiter sowie unter Umständen hinzuzu- ziehende Informanten	Führungskraft	▦ Informationen unmissverständlich formulieren ▦ auf Wissensstand der Teilnehmer aufbauen ▦ in der Sprache der Teilnehmer spre- chen (keine unbekannten Abkür- zungen, Fach- oder Fremdwörter) ▦ auf Fragen oder skeptische Blicke achten und darauf reagieren
Informationen einholen	sach- und fachkundige Mitarbeiter/ Verantwortungsträger	Führungskraft	▦ gezielte und präzise Fragen stellen ▦ aufmerksam zuhören, gegebenenfalls Notizen machen ▦ bei unklaren oder missverständ- lichen Antworten nachfragen
sich beraten lassen	verantwortliche sowie sach-/fachkundige Mitarbeiter	Führungskraft	▦ Informationsbedarf erläutern ▦ aufmerksam zuhören, gegebenenfalls Notizen machen ▦ eigene Meinung zurückhalten ▦ kein blockierendes Vorgesetzten- gebaren

Die Arten von Mitarbeiterbesprechungen

Besprechungsziel	Teilnehmer	Gesprächsleiter	Hinweise für die Gesprächsleitung
Ideen oder Lösungsvorschläge erarbeiten	sach-/fachkundige Mitarbeiter, gegebenenfalls auch betroffene Nicht-fachleute	Führungskraft oder beauftragter Mitarbeiter	▨ nicht mit eigenen Meinungen dominieren ▨ alle Ideen beziehungsweise Vorschläge vorurteilsfrei zur Kenntnis nehmen ▨ Beiträge notieren und strukturieren ▨ keine vorschnellen Bewertungen
Entscheidung treffen	verantwortliche und gegebenenfalls problem-betroffene Mitarbeiter	Führungskraft oder beauftragter Mitarbeiter	▨ zu Beginn Entscheidungs-kompetenz und -verfahren klarstellen ▨ Vorgesetztenmeinung nicht an den Anfang stellen ▨ zunächst Entscheidungskriterien vereinbaren, anhand derer später bewertet werden soll ▨ Entscheidungsergebnisse eindeutig formulieren und festhalten
Anweisungen geben	alle Betroffenen	Führungskraft	▨ klare, verständliche und vollständige Darstellung ▨ Regelungen begründen und Ver-ständnis wecken ▨ Fragen zulassen ▨ Bedenken und Vorbehalte ernst nehmen
Gruppen-probleme ausräumen (z. B. Fragen der Zusammen-arbeit)	alle Betroffenen	möglichst nicht Vorgesetzter, sondern kompetenter und neutraler Mitarbeiter	▨ spannungsfreie Gesprächs-atmosphäre schaffen ▨ als Leiter nicht Partei ergreifen ▨ Gemeinsamkeiten hervorheben ▨ keine herabsetzenden Angriffe zulassen ▨ Minderheitenschutz gewährleisten ▨ für versöhnlichen Ausklang sorgen

Beteiligung der Mitarbeiter an Entscheidungen

Eine Frage des Führungsstils

Ein wesentliches Merkmal des Führungsstils ist, inwieweit die Führungskraft ihre Mitarbeiter bei Entscheidungen beteiligt.

> **Will man seine Mitarbeiter im Sinne eines demokratischen Stils führen, sollte man bei seinen Entscheidungen – soweit praktikabel und angemessen – auch deren Meinungen einbeziehen.**

Nutzen der Mitarbeiterbeteiligung

Üblicherweise setzt man sich, will man seine Mitarbeiter an Entscheidungen beteiligen, dazu mit ihnen zu einer Besprechung zusammen. Gruppenentscheidungen können folgende Nutzeffekte bieten:

1. Verbesserung der Ergebnisqualität

Das Fachwissen sowie die Praxiserfahrungen und Ideen der Mitarbeiter können in das Entscheidungsergebnis einfließen und somit dessen Qualität steigern.

2. Bestmögliche Mitarbeiterinformation

Während der Diskussion erhalten die Mitarbeiter automatisch alle wichtigen Informationen über die Hintergründe und Voraussetzungen der Entscheidung. Das hilft ihnen später bei ihrer Arbeit, diese korrekt auszuführen und bei auftretenden Problemen notfalls im Sinne der Entscheidung zu improvisieren.

3. Engagierte Entscheidungsrealisierung

Wenn die Mitarbeiter an der Entscheidung mitgewirkt haben – diese also auch ein Produkt ihrer eigenen Überlegungen ist –, werden sie sich mit dem Entscheidungsergebnis identifizieren und sich später engagiert dafür einsetzen, dass es erfolgreich umgesetzt wird. Sie werden alles dafür tun, um zu beweisen, dass die von ihnen mitgetragene Entscheidung richtig war.

4. Stärkung des Verantwortungsbewusstseins

Indem die Mitarbeiter einbezogen werden, wird ihnen gezeigt, wie wichtig ihre Meinung ist. Das fördert ihre Arbeitszufriedenheit und stärkt langfristig ihr Verantwortungsbewusstsein.

5. Steigerung des Gruppenbewusstseins

Das gemeinschaftliche Erarbeiten der Entscheidungsergebnisse führt zu gemeinsamen Erfolgserlebnissen. Das wiederum wirkt sich positiv auf das Gemeinschaftsgefühl und den Zusammenhalt und damit auch auf die Leistungsfähigkeit der Gruppe aus.

Die Mitwirkung der Mitarbeiter hat aber – wie alles im Leben – ihren Preis. Gruppenentscheidungen können gegenüber Alleinentscheidungen der Führungskraft folgende Nachteile haben:

Die Kehrseite von Gruppenentscheidungen

1. Höherer Zeitbedarf

Gruppenentscheidungen erfordern naturgemäß einen hohen Zeitaufwand. Die Mitarbeiter müssen zunächst auf den erforderlichen Informationsstand gebracht werden. Außerdem muss ein Ausgleich der oft unterschiedlichen Meinungen, Interessen und Wertvorstellungen erreicht werden, was sich manchmal schwierig gestaltet.

2. Überforderung der Mitarbeiter

Fachlich nicht ausreichend qualifizierte oder nicht genügend sachkundige Mitarbeiter können hinsichtlich einer verantwortlichen Mitwirkung überfordert sein. Es kann dadurch zu überzogen langwierigen Debatten mit zweifelhafter Ergebnisqualität kommen.

3. Konfliktrisiko

Bei Gruppenentscheidungen besteht die Gefahr, dass es aufgrund kontroverser Meinungen oder Interessenlagen zu aggressiven Auseinandersetzungen kommt, die das Zusammenarbeitsklima der Gruppe nachhaltig belasten.

4. Unrealistische Erwartungshaltungen

Werden Mitarbeiter sehr häufig bei Entscheidungen hinzugezogen, kann es bei manchen von ihnen die Anspruchshaltung wecken, bei allen Angelegenheiten gehört werden zu müssen – auch dann, wenn es die Alleinverantwortung des Vorgesetzten nicht zulässt oder es zu überzogenem Aufwand führen würde.

5. Gefährdung der Führungsautorität

Teilweises oder sogar vollständiges Abgeben von Entscheidungsverantwortung kann als Wankelmütigkeit und Führungsschwäche ausgelegt werden. Insbesondere, wenn der Vorgesetzte keinen eigenen Standpunkt erkennen lässt und nicht spätestens bei Uneinigkeit oder Ratlosigkeit der Mitarbeitergruppe die Initiative ergreift.

Als Führungskraft sollte man es sich unter Abwägung der Vor- und Nachteile jedes Einzelfalls vorher gut überlegen, ob man eine Entscheidung besser alleine oder gemeinsam mit seinen Mitarbeitern trifft.

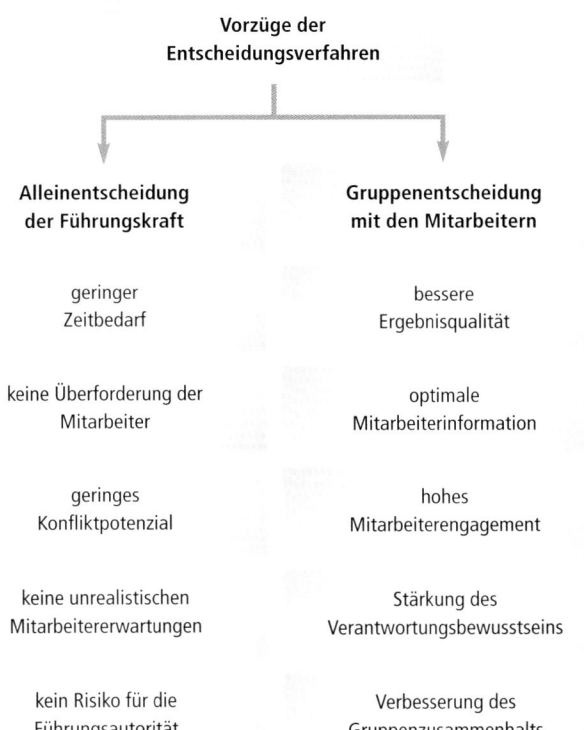

**Vorzüge der
Entscheidungsverfahren**

**Alleinentscheidung
der Führungskraft**

geringer
Zeitbedarf

keine Überforderung der
Mitarbeiter

geringes
Konfliktpotenzial

keine unrealistischen
Mitarbeitererwartungen

kein Risiko für die
Führungsautorität

**Gruppenentscheidung
mit den Mitarbeitern**

bessere
Ergebnisqualität

optimale
Mitarbeiterinformation

hohes
Mitarbeiterengagement

Stärkung des
Verantwortungsbewusstseins

Verbesserung des
Gruppenzusammenhalts

5. Ziel- und teilnehmerorientierte Gesprächsleitung

Die Aufgaben des Gesprächsleiters

Neutralität wahren

Ein Besprechungsleiter hat formale und inhaltliche Aufgaben. Um diese bestmöglich wahrnehmen zu können, sollte er sich weitgehend neutral verhalten. Er macht sich das Leben selbst schwer, wenn er durch eigene Meinungsäußerungen zur Sache seine unparteiische Stellung aufgibt.

> Der Leiter beziehungsweise Moderator einer Besprechung hat sowohl formale Ordnungs- als auch inhaltliche Steuerungsaufgaben.

Ordnende Aufgaben

Zu den Ordnungsaufgaben des Gesprächsleiters gehören:
- Besprechung eröffnen (Begrüßung, Zielvorstellung)
- allgemeine Verfahrensregelungen vereinbaren (zum Beispiel Besprechungsstruktur, Protokoll, Entscheidungsverfahren)
- Verstöße gegen die allgemeinen Diskussionsregeln unterbinden (zum Beispiel Redeunterbrechungen, überlange Monologe, Führen von Nebengesprächen, herabsetzende oder beleidigende Äußerungen)
- Wort erteilen (sofern vereinbart nach Wortmeldungen)
- Besprechungszeit überwachen (Gesamtdauer, Dauer der Teilnehmerbeiträge, Pausen)

- für ausgewogene Teilnehmerbeteiligung sorgen (Vielredner bremsen, Zurückhaltende ermutigen)
- Abstimmungen leiten
- Protokollierung wichtiger Ergebnisse veranlassen
- Besprechung abschließen (Zusammenfassung, Verabschiedung)

Steuerungsaufgaben des Gesprächsleiters sind:

Steuerungsaufgaben

- Ausgangssituation und Besprechungsziele klarmachen
- Vorab- und Hintergrundinformationen geben
- positive Gesprächsatmosphäre herstellen
- Teilnehmer motivieren und aktivieren
- Teilnehmerbedürfnisse beachten
- für ständige Zielorientierung sorgen
- Themenabweichungen verhindern
- Zweifel und Missverständnisse beseitigen
- unklare Standpunkte verdeutlichen
- eindeutige und einvernehmliche Beschlüsse herbeiführen
- harmonischen Ausklang herstellen

Doppelrolle als Vorgesetzter und Gesprächsleiter

Wenn ein Vorgesetzter die Besprechung einer Gruppe eigener Mitarbeiter leitet, befindet er sich in einer erschwerenden Doppelfunktion. Einerseits ist er der Disziplinarvorgesetzte mit entsprechenden Machtbefugnissen, andererseits ist er der verantwortliche Leiter des Besprechungsprozesses und besitzt auch in dieser Funktion herausgehobene Machtmittel: Er hat es in der Hand, durch Steuerung der Ablauffolge, Fragestellungen, Worterteilung und -entzug sowie manches mehr den Besprechungsverlauf in seinem Sinn zu beeinflussen. Diese Machtfülle kann ihn hinsichtlich seiner Neutralität als Gesprächsleiter unglaubwürdig machen und ihm dadurch seine Ordnungs- sowie Steuerungsaufgaben erschweren.

Erschwerende Machtfülle

Als Leiter einer Mitarbeiterbesprechung sollte man im Interesse der Gesprächsleiterneutralität seine Vorgesetztenfunktion nicht auch noch hervorkehren.

Man sollte sich also hinsichtlich seines Vorgesetztenverhaltens angemessen zurücknehmen und nicht dominieren. Das gilt besonders für Besprechungen, bei denen es auf eine größtmögliche Meinungsvielfalt und Freimütigkeit der Mitarbeiter ankommt.

Zielgerichtete und zeitsparende Besprechungsstruktur

Besprechungen dauern oft länger als notwendig oder erbringen keine zufriedenstellenden Ergebnisse, weil sie planlos verlaufen.

Belanglose oder erschwerende Beiträge

Statt in folgerichtigen Schritten vorzugehen, ist der Ablauf von Besprechungen oftmals durch spontane Eingebungen, unergiebige Selbstdarstellungsbeiträge oder polemische Schaukämpfe bestimmt. Schafft der Gesprächsleiter es jedoch, Teilnehmerbeiträge dieser Art zu unterbinden und für einen konstruktiven Ablauf zu sorgen, kann oft viel wertvolle Zeit gespart und können die Ergebnisqualität sowie die Teilnehmerzufriedenheit deutlich gesteigert werden.

Hilfreicher Leitfaden

Der folgende Leitfaden kann dem Gesprächsleiter seine schwierige Aufgabe erheblich erleichtern. Hält er sich konsequent an dieses Phasenmodell, hat er gute Chancen, auch bei problematischen Themen oder Teilnehmerzusammensetzungen zu einem bestmöglichen Ergebnis zu gelangen.

Ist keine Entscheidung zu treffen, entfallen bei diesem Schema die Phasen „Entscheidungsvorbereitung" und „Entscheidung". Wichtig ist aber dennoch die Reihenfolge der Phasen und insbesondere die klare Trennung der dritten und vierten Phase. Dadurch wird verhindert, dass bereits bewertend diskutiert wird – und es damit zwangsläufig emotional wird –, ehe alle Gelegenheit hatten, ihren Standpunkt oder ihr Anliegen zu äußern.

Die Reihenfolge ist wichtig

Besprechungsleitfaden

1. Vorbereitung	Thema Teilnehmer Termin Logistik
2. Eröffnung	Eingangskontakt Besprechungsanlass Besprechungsziele Vorgehensweise
3. Standpunkte	Informationen Meinungen Ideen Fragen
4. Diskussion	Ordnen Begründen Bedenken Lösungsansätze
5. Entscheidungs-vorbereitung	Kriterienwahl Gewichtungen Bewertungen Alternativenrangfolge
6. Entscheidung	Alternativenauswahl Maßnahmenplan Kontrollverfahren Protokollierung
7. Abschluss	Zusammenfassung Folgerungen Ausblick Ausgangskontakt

Zweckgerechte Besprechungssteuerung

Um nicht unnötig Zeit zu verlieren, bedarf es der zielstrebigen und geschickten Steuerung durch den Gesprächsleiter. Wie stark er auf den inhaltlichen Besprechungsablauf Einfluss nehmen sollte, hängt von drei Faktoren ab:

1. Besprechungsart

Eine eher starke Steuerung ist angebracht bei ausgesprochen sach- und faktenorientierten Besprechungen, wenn es beispielsweise darum geht, präzise Sachinformationen auszutauschen oder eine klare Entscheidung zu einem konkreten Sachproblem zu treffen. Geht es hingegen um ein möglichst großes Ideenspektrum, zum Beispiel beim Entwickeln von Lösungsvorschlägen, oder um einen besonders offenherzigen Meinungsaustausch, zum Beispiel bei Zusammenarbeitsproblemen, ist eine eher schwache Steuerung anzustreben und der Diskussion freien Lauf zu lassen. Außerdem wird eine tendenziell eher starke Steuerung akzeptiert werden, wenn der Gesprächsleiter der Ranghöchste und damit Hauptverantwortliche der Runde ist. Ist der Gesprächsleiter jedoch ein Gleicher unter Gleichen, wird er mit einer sehr straffen Steuerung möglicherweise auf Widerstände stoßen, wobei aber auch die allgemeine Führungskultur und der persönliche Führungsstil eine Rolle spielen.

2. Besprechungssituation

Je weniger Zeit zur Verfügung steht, desto intensiver muss der Gesprächsleiter auf das Besprechungsziel hinsteuern. Das gilt vor allem dann, wenn eine wichtige Angelegenheit mit zwingendem Termin keine Vertagung zulässt oder unverzichtbare Teilnehmer wegen anderweitiger Verpflichtungen nicht über die geplante Besprechungszeit hinaus zur Verfügung stehen.

3. Teilnehmerverhalten

Im Interesse der Besprechungseffizienz ist eine starke Steuerung erforderlich, wenn Teilnehmer sich ausgesprochen passiv verhalten und wegen mangelnden Engagements den Besprechungsfortgang behindern oder gar stören. Andererseits können aber auch ein besonders starkes Interesse der Teilnehmer oder persönliche Betroffenheit zu einem Ausufern der Besprechung führen und eine stärkere Steuerung durch den Gesprächsleiter erforderlich machen.

Meist ist es nicht die Länge der Wortbeiträge, die eine Besprechung übermäßig lange dauern lässt, sondern inhaltlich unergiebige Aussagen, persönliche Angriffe oder ein konfuses Vorgehen kosten unnötig Zeit.

Auch in einer inhaltlich sehr weit angelegten und wechselhaften Diskussion darf man sich nicht gegenseitig unterbrechen, darf niemand sich störend verhalten oder beleidigend werden. Für die Differenzierung der Besprechungssteuerung stehen dem Gesprächsleiter grundsätzlich drei Modelle zur Verfügung, die die folgende Abbildung zeigt.

Ordnungsrahmen muss gewährleistet bleiben

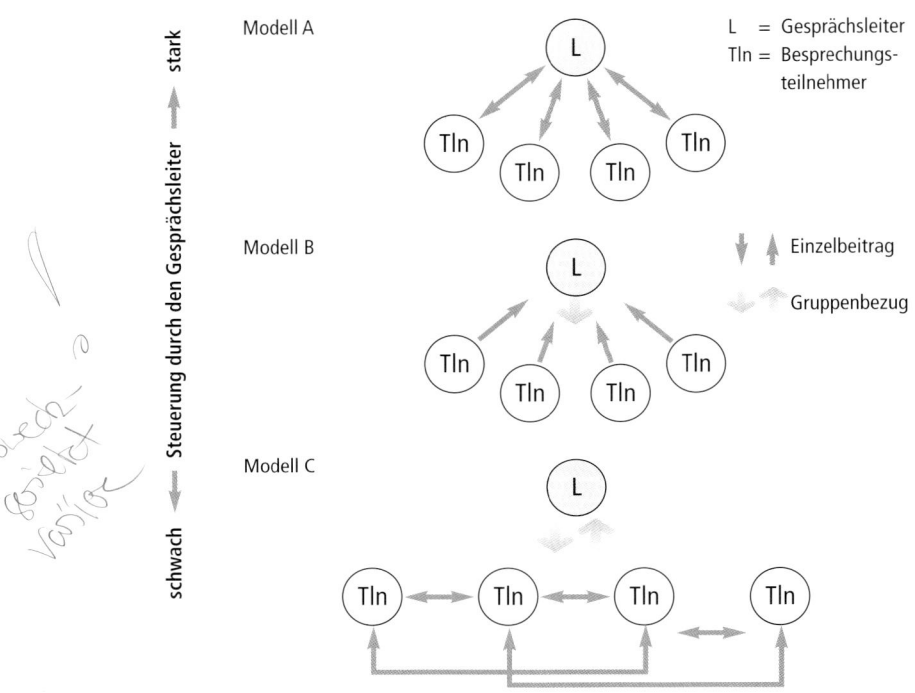

Arten der Besprechungssteuerung

Modell A

Drei Modelle

▨ Methodik: Der Gesprächsleiter fordert die Teilnehmer einzeln auf, zu einer Frage oder Feststellung direkt Stellung zu nehmen, und nimmt ihre Antworten zur Kenntnis.

▨ Effekte: starke Steuerung, nachdrückliche Ausrichtung auf die Sachziele, kaum ungezwungener Meinungsaustausch

▨ Anwendung: bei sehr faktenorientierten Besprechungsthemen, für gezielten Informationsaustausch oder unter Zeitdruck

Modell B

▨ Methodik: Der Gesprächsleiter richtet eine Frage oder Problemdarstellung an die gesamte Gruppe und nimmt die eingebrachten Teilnehmerbeiträge entgegen.

▓ Effekte: mittelstarke Steuerung, vielfältige, aber dennoch zielbewusste Meinungsbildung
▓ Anwendung: zum Sammeln freier Meinungsäußerungen und Lösungsvorschläge

Modell C

▓ Methodik: Der Gesprächsleiter stellt den Teilnehmern die Problemsituation vor und fordert sie auf, untereinander zu diskutieren und sich auf eine Lösung zu verständigen. Er beschränkt sich dabei auf seine ordnenden Aufgaben und nimmt lediglich die Diskussionsergebnisse entgegen.
▓ Effekte: schwache Steuerung, besonders zwangloser und freimütiger Meinungsaustausch
▓ Anwendung: bei kreativen Prozessen oder zur Bearbeitung zwischenmenschlicher Konflikte

Trotz schwacher inhaltlicher Steuerung darf der Gesprächsleiter seine formalen Ordnungsaufgaben nicht vernachlässigen.

In den meisten Fällen ist es sinnvoll, innerhalb einer Besprechung situationsbezogen zwischen den verschiedenen Steuerungsmodellen zu wechseln.

Situationsbezogen wechseln

Beispiel

Bei einem Verteilungsproblem fragt der Gesprächsleiter zunächst gemäß Modell A die Teilnehmer reihum nach ihrer Interessenlage. Sollten sich dabei unvereinbare Absichten herausstellen, bittet er entsprechend dem Modell B um Lösungsvorschläge, um anschließend die Teilnehmer zur Diskussion ihrer Argumente gemäß Modell C aufzufordern. Erbringt die Diskussion keinen Konsens, bittet er schließlich um Abstimmung, lässt aber zuvor gemäß Modell A jeden mit einem Schluss-Statement seine wichtigsten Argumente wiederholen.

> **Keinesfalls sollte man Besprechungen aus purer Gewohnheit grundsätzlich nach ein und demselben Schema steuern, sondern zweckgerecht variieren.**

In der Praxis oft gedankenlos

In der Praxis sieht das vielfach anders aus. Wo häufig Besprechungen abgehalten werden, kann man oft schon anhand der Einladung je nach Gesprächsleiter erahnen, nach welchem gewohnten Muster die Besprechung ablaufen wird.

Gesprächsleiterreaktionen auf hemmendes Teilnehmerverhalten

Gefährdung des Besprechungsziels

Mitunter wird der Besprechungsablauf durch äußere Einflüsse oder das Verhalten von Teilnehmern – gewollt oder ungewollt – gestört und damit das Besprechungsziel gefährdet. Zu den Ordnungsaufgaben des Gesprächsleiters gehört es, dagegen einzuschreiten. Sind die Störungen auf die Rahmenbedingungen zurückzuführen, wie fehlendes Moderationszubehör oder Störgeräusche durch Bauarbeiten, liegen die erforderlichen Gegenmaßnahmen auf der Hand. Handelt es sich jedoch um erschwerendes Teilnehmerverhalten, erfordert das vom Gesprächsleiter viel Einfühlungsvermögen und psychologisches Geschick.

> **Bei seinen Interventionen muss der Gesprächsleiter die Balance halten zwischen einem disziplinierten und zielstrebigen Besprechungsablauf einerseits und einer spannungsfreien, harmonischen Gesprächsatmosphäre andererseits.**

Kritisiert er einen Teilnehmer zu heftig, kann es dazu kommen, dass sich der Betreffende frustriert aus dem Besprechungsgeschehen zurückzieht oder er zu einem schwierigen Widersacher wird. Unter Umständen solidarisieren sich dann die anderen mit ihm und der Gesprächsleiter bringt die gesamte Gruppe gegen sich auf. Greift er hingegen zu zaghaft ein, leidet darunter seine Autorität und kann das in der Gruppe ebenfalls zu Unzufriedenheit mit dem Besprechungsverlauf führen.

Angemessenheit der Mittel

Zu den am häufigsten anzutreffenden teilnehmerbedingten Störungen sind in der folgenden Übersicht einige Empfehlungen gegeben. Im Hinblick auf die Angemessenheit sind jeweils mehrere Maßnahmenvarianten mit stufenweise zunehmender Nachdrücklichkeit genannt – eine behutsame Vorgehensweise für den Erstfall sowie energischeres Eingreifen bei Wiederholungsfällen. Aber auch im Hinblick auf die zu vermutenden Gründe des Teilnehmerverhaltens sollte der Gesprächsleiter differenzierend reagieren.

Abgestufte Gesprächsleiterreaktionen

Hemmendes Teilnehmerverhalten	Mögliche Ursachen/ Beweggründe	Gesprächsleiterreaktionen mit stufenweise gesteigertem Nachdruck
Zuspätkommen	unverschuldeter Hinderungsgrund oder gewohnheitsmäßiges Verhalten	I. Eintreffenden kurz freundlich begrüßen und mit der Besprechung fortfahren II. „Wir mussten leider schon ohne Sie beginnen." III. „Es wäre schön, wenn wir künftig immer gemeinsam beginnen könnten."
Überziehen der Pausenzeiten	Bedürfnis nach Einzelgesprächen oder Disziplinlosigkeit	I. „Können wir dann weitermachen?" II. „War die Pause für Sie zu kurz?" III. „Bitte bemühen Sie sich, in unser aller Interesse die Pausenzeiten künftig einzuhalten."
Missachtung der Wortmeldungen	starkes Engagement, Ungeduld oder Profilierungsstreben	I. „Einen Moment bitte, es hatte sich vorher noch Herr X zu Wort gemeldet." II. „Bitte warten Sie, bis Sie dran sind." III. „Ich bitte Sie nochmals, fair zu sein und sich an die Reihenfolge der Wortmeldungen zu halten."

Hemmendes Teilnehmerverhalten	Mögliche Ursachen/ Beweggründe	Gesprächsleiterreaktionen mit stufenweise gesteigertem Nachdruck
Redeunter-brechungen	starkes Engagement, Ungeduld oder Streitsucht	I. „Ich glaube, Frau X war noch nicht fertig." II. „Bitte haben Sie noch etwas Geduld und lassen Sie Frau X erst ausreden." III. „Unterbrechen Sie bitte andere nicht. Wir haben alle nichts davon, wenn mehrere gleichzeitig reden."
weitschweifige Monologe	hohe Sachkenntnis, Profilierungsstreben oder Rechtfertigungs-bemühungen	I. „Wenn ich Sie mal unterbrechen darf – ich möchte bis hierhin zusammenfassen." II. „Bitte vergessen Sie Ihre Rede nicht, aber ich würde zuvor gerne noch andere Meinungen hören." III. „Bitte denken Sie an unsere begrenzte Zeit, damit auch noch andere genügend zu Wort kommen können."
Expertendialoge	fachliches Engagement oder Interessens-konflikte	I. „Das ist sicher interessant. Aber geht das jetzt nicht für die anderen zu sehr ins Detail?" II. „Bitte denken Sie daran, dass wir hier nicht die Zeit haben, das so ausführlich zu diskutieren." III. „Würden Sie bitte diese Einzelheiten in der Pause miteinander klären?"
unverständliche Fachsprache	Expertengewohnheit oder Profilierungs-streben	I. „Können Sie das bitte noch einmal etwas allgemeinverständlicher formulieren?" II. „Ich fürchte, diese Fachbegriffe sind für einige von uns fremd. Geht es nicht auch etwas einfacher?" III. „Bitte denken Sie bei Ihren Ausführungen daran, dass auch die Laien unter uns Sie verstehen wollen."
leise oder undeut-liche Sprechweise	Hemmungen, Lustlosigkeit, Sprechgewohnheiten oder organisches Sprechproblem	I. „Tut mir leid, aber ich habe das akustisch nicht ganz mitbekommen." II. „Können Sie das bitte noch einmal etwas lauter wiederholen?" III. „Würden Sie bitte wegen der Raumakustik generell etwas lauter und deutlicher sprechen?"
häufige Wiederholungen	mangelnde Aufmerk-samkeit, Hartnäckigkeit oder Profilierungs-streben	I. „Hatten wir das nicht bereits abgehakt?" II. „Ich kann nicht erkennen, was Sie damit Neues sagen wollen." III. „Bitte vermeiden es, Sie sich zu wiederholen. Das bringt uns nicht voran und kostet unnötig Zeit."

Gesprächsleiterreaktionen auf hemmendes Teilnehmerverhalten

Hemmendes Teilnehmerverhalten	Mögliche Ursachen/ Beweggründe	Gesprächsleiterreaktionen mit stufenweise gesteigertem Nachdruck
Themen-abweichungen	Verständnisprobleme, mangelnde Aufmerk-samkeit oder Profilierungsstreben	I. „Wie kann ich das jetzt in unser Thema einordnen?" II. „Ich denke, das gehört aber nicht zu unserem Thema." III. „Bitte bleiben Sie an unserem Thema. Denken Sie bitte daran, was wir heute erreichen wollen."
missverständliche Aussagen	Formulierungs-schwierigkeiten oder unzureichende Sachkenntnisse	I. „Wenn ich Sie richtig verstehe, meinen Sie ..." II. „Können Sie das bitte noch einmal etwas präziser wiederholen?" III. „Können Sie sich bitte etwas verständlicher aus-drücken?"
Nebengespräche	persönliches Engage-ment, gewohnheits-mäßige Gesprächigkeit oder Desinteresse am Thema	I. „Haben Sie dazu eine Frage?" II. „Wenn Sie etwas anzumerken haben, lassen Sie es uns bitte alle wissen." III. „Ich bitte Sie, die anderen nicht durch fortwährende Nebengespräche abzulenken."
Teilnahmslosigkeit	Informationsdefizite, Unzuständigkeit, Motivationsmangel oder Enttäuschung	I. „Ich habe das Gefühl, Sie können mit dem Thema noch nichts anfangen. Haben Sie dazu Fragen?" II. „Ich bitte um Ihre Meinungen. Denken Sie daran, dass wir heute zu einem Ergebnis kommen müssen." III. „Da Ihnen heute zum Thema nichts einfällt, sollten wir eine Denkpause einlegen und uns vertagen."
nebenher lesen oder schreiben	dringender Erledigungs-termin, Desinteresse oder Protesthaltung	I. konkrete Fragen zum Thema stellen II. „Könnten Sie Ihre Arbeiten nicht auch später erledigen?" III. „Wenn Sie Wichtigeres zu tun haben, warum nehmen Sie dann an der Besprechung teil?"
demonstrative Passivität	Frustration oder Demotivation	I. „Dürfen wir hören, welche Meinung Sie dazu haben?" II. „Haben Sie denn gar nichts dazu zu sagen?" III. „Gibt es einen besonderen Grund, warum Sie so zurückhaltend sind?"
Kompromiss-losigkeit	fehlende Entscheidungs-befugnis, starkes Eigeninteresse oder Machtdemonstration	I. „Sehen Sie dennoch eine Möglichkeit für einen akzeptablen Kompromiss?" II. „Bitte denken Sie an unsere gemeinsame Sache und sehen Sie nicht nur Ihre eigenen Belange." III. „Wenn Sie nicht einen Schritt auf die anderen zu-gehen, kommen wir heute zu keinem Ergebnis."

Hemmendes Teilnehmerverhalten	Mögliche Ursachen/ Beweggründe	Gesprächsleiterreaktionen mit stufenweise gesteigertem Nachdruck
Dominanz durch Ranghöhere	Durchsetzungswille, Machtdemonstration oder Autoritätsneurose	Bloßstellende Kritik verschärft das Problem! Eher mit zustimmenden Bemerkungen diplomatisch unterbrechen und die anderen ermutigen: „Gut dass Sie das sagen, aber hören wir doch auch mal die anderen dazu." oder „Zweifellos haben Sie recht, aber gibt es vielleicht noch andere Aspekte, die wir berücksichtigen sollten?"
Besserwisserei	hohes Kenntnisniveau, Profilierungsstreben oder Verletztheit	I. „Könnten Sie das bitte näher begründen?" II. „Woher bitte nehmen Sie diese Sicherheit?" III. „Da uns das jetzt nicht weiterhilft, sollten wir den Punkt zunächst einmal so stehen lassen."
provozierendes Fragen	Profilierungsstreben oder Aggressivität	I. „Was meinen denn die anderen dazu?" II. „Was wollen Sie mit dieser Frage bezwecken?" III. „Fragen dieser Art bringen uns nicht weiter!"
destruktive oder aggressive Beiträge	Frustration oder Demotivation	I. „Wir sollten nicht nur die kritischen Punkte sehen, sondern vor allem nach Lösungen suchen." II. „Können Sie mir den Grund sagen, warum Sie so verärgert wirken?" III. „Ich bitte Sie! Derartige Bemerkungen bringen doch nur unnötige Schärfe in die Diskussion."
störende polemische Zwischenrufe	Unzufriedenheit, Profilierungsstreben oder Streitsucht	I. Einwürfe zunächst überhören. II. „Wenn Sie etwas anzumerken haben, dann bitte sachlich und begründet." III. „Bitte unterlassen Sie die störenden Zwischenrufe, sonst muss ich Sie bitten, uns zu verlassen."
herabsetzende oder beleidigende Angriffe	Verletztheit oder Beziehungskonflikte	I. „Bitte keine persönlichen Angriffe. Vorwürfe oder Schuldzuweisungen helfen uns nicht weiter." II. „Bitte unterlassen Sie diese verletzenden Angriffe. Sie gefährden sonst den gesamten Besprechungserfolg." III. „Bitte mäßigen Sie sich oder ich muss Sie bitten, sich zu verabschieden.

Man behält als Gesprächsleiter die eigenen Emotionen besser unter Kontrolle, wenn man zunächst davon ausgeht, dass der belastende Teilnehmer sich nicht grundlos in der gezeigten Weise verhält. Höchstwahrscheinlich gibt es einen Beweggrund, der aus seiner individuellen Sicht verständlich ist. Und wahrscheinlich richtet sich sein Verhalten nicht gegen die Person des Gesprächsleiters als solche. Vielleicht hat ihm nur irgendetwas an der Vorgehensweise missfallen oder er ist mit einem bestimmten Vorfall während des allgemeinen Besprechungsgeschehens unzufrieden. Im Interesse der gemeinsamen Sache sollte man daher versuchen, sich in die Lage des Betreffenden zu versetzen und ohne Aggressivität auf ihn einzugehen, statt die Situation eskalieren zu lassen. Mit gleicher Münze zurückzuzahlen trägt jedenfalls nicht dazu bei, ein störendes Teilnehmerverhalten zu mildern.

Gelassen, aber dennoch konsequent bleiben

> Um souverän bleiben zu können, sollte man als Gesprächsleiter bei erschwerendem Teilnehmerverhalten nicht vorschnell Böswilligkeit unterstellen oder sich persönlich angegriffen fühlen.

Die Win-win-Strategie

Wie schon erwähnt, ist es für die spätere Realisierung der Beschlüsse und für die weitere Zusammenarbeit der Teilnehmer wichtig, dass eine größtmögliche Zufriedenheit mit dem Besprechungsablauf und den erzielten Ergebnissen erreicht wird. Nun gibt es aber häufig Besprechungskonstellationen, bei denen es in der Natur der Situation liegt, dass bei Weitem nicht alle Teilnehmer in der Sache zufriedengestellt werden können. Typischerweise sind das Verteilungskonflikte. Im Sinne der sogenannten „Win-win-Strategie" (jeder soll „ge-

Einigung trotz gegensätzlicher Interessen

winnen") muss dennoch alles unternommen werden, um weitgehende Zufriedenheit herzustellen. Der Grundsatz hierbei lautet:

Jedem wird ein akzeptabler Nutzen geboten.

Kann einigen Teilnehmern in der diskutierten Sachfrage nicht der gewünschte Nutzen ermöglicht werden, gibt es in aller Regel Chancen, ihnen immerhin auf der Gefühlsebene etwas zu bieten. Denn jeder Teilnehmer hat auch emotionale Grundbedürfnisse, die ihm wichtig sind.

Oft geht es um unterschwellige Emotionen

Mitunter haben Kontrahenten eigentlich kein gesteigertes Interesse an der strittigen Angelegenheit, sondern ringen nur gefühlsbedingt um die Sachfragen. Es geht ihnen dabei weniger um das Sachproblem als darum, den anderen ihr höheres Bildungsniveau oder besseres Fachwissen zu beweisen, ihre herausgehobene Stellung zu demonstrieren, gelobt zu werden oder schlichtweg siegen zu wollen. Sachbesprechungen werden nur allzu oft zum Ausleben von Eitelkeiten oder Austragen von Beziehungskonflikten missbraucht!

Teilnehmerbedürfnisse akzeptieren

Es wäre unrealistisch und eher konfliktverschärfend, würde der Gesprächsleiter seine Aufgabe darin sehen, Teilnehmer wegen derartiger persönlicher Bedürfnisse zu tadeln – es sei denn, sie verstoßen in grober Weise gegen fundamentale Diskussionsregeln. Dennoch muss er dafür sorgen, dass die Belange der anderen nicht auf der Strecke bleiben.

Kein Teilnehmer soll mit dem Gefühl aus der Besprechung hinausgehen müssen, er sei der Verlierer oder gar Besiegte.

Emotionale Grundbedürfnisse von Besprechungsteilnehmern

Jeder geistig gesunde Mensch will seine persönlichen Bedürfnisse befriedigen und sich wohlfühlen. Bei all unseren Handlungen sind wir bestrebt, einen persönlichen Nutzen zu erzielen. Wobei es keineswegs immer ein materieller sein muss. Es können auch Sympathiebeweise, wertschätzende Gesten, ein wichtiger Kenntnisgewinn oder einfach Freude an der Sache sein. Diese natürlichen menschlichen Bedürfnisse spielen selbstverständlich auch in Besprechungen eine nicht unwesentliche Rolle.

Logik der Teilnehmermotivierung

Will man Besprechungsteilnehmer motivieren, auch Vereinbarungen zuzustimmen, die ihren persönlichen Sachzielen widersprechen, kann man nur versuchen, ihnen als Ausgleich auf der Gefühlsebene eine angemessene Bedürfnisbefriedigung zu verschaffen. Nur dann hat man eine Chance, sie trotz kontroverser Sachinteressen zu ehrlicher Kompromissbereitschaft zu bewegen. Dem liegt eine simple Logik der Motivationspsychologie zugrunde, die die folgende Abbildung zeigt.

Teilnehmerbedürfnis + **Befriedigungsanreiz** = **Kompromissbereitschaft**

Emotionalen Nutzen bieten

Von Sachinteressen unabhängig bietet sich zur Motivierung von Besprechungsteilnehmern die weite Palette ihrer emotionalen Grundbedürfnisse an. In der folgenden Tabelle sind die in Besprechungen am häufigsten anzutreffenden emotionalen Teilnehmerbedürfnisse aufgeführt und exemplarisch Anregungen gegeben, wie man verbal darauf eingehen kann, um die Betreffenden zu motivieren.

123

Um dem Bedürfnis eines Teilnehmers zu entsprechen, …	… kann man als Gesprächsleiter beispielsweise …
… sympathisch gefunden zu werden und Zuwendung zu erlangen,	… sich über die Begegnung mit ihm erfreut zeigen und ihm glaubwürdige Komplimente machen.
… Interesse an seiner Persönlichkeit und Situation zu wecken,	… bei aller Sachbezogenheit auch persönliche Fragen stellen.
… als wertvoller Partner betrachtet zu werden,	… Gemeinsamkeiten ansprechen und seine Unverzichtbarkeit für die Problemlösung anmerken.
… hinsichtlich seiner Bildung und fachlichen Kompetenz anerkannt zu werden,	… ihn nach seiner fachlichen Meinung fragen, Vorschläge erbitten und fachliche Streitgespräche meiden.
… gemäß seiner gesellschaftlichen oder beruflichen Stellung beachtet zu werden,	… auf seine funktionale Stellung Bezug nehmen und ihn mit seinem Titel ansprechen.
… entsprechend seiner Macht- oder Marktposition respektiert zu werden,	… Überlegenheitsgebaren oder direkte Angriffe unterlassen und eigene Grenzen eingestehen.
… Verständnis für seine Wünsche und Probleme zu finden,	… aufmerksam zuhören, Verständnis für seine Belange und Situation zeigen, Hilfen anbieten.
… hinsichtlich seiner Ideen und Vorschläge ernst genommen zu werden,	… ihn ausreden lassen, seine Anregungen wiederholen, Details erfragen und sich Notizen machen.
… ehrlich, vertrauensvoll und fair behandelt zu werden,	… die Eigeninteressen offen bekennen, Risikobereitschaft zeigen, auch eigene Schwachpunkte eingestehen.
… seinen Beitrag zum Besprechungs- ergebnis gewürdigt zu sehen,	… die gemeinsamen Besprechungsfortschritte verdeutlichen und die konstruktiven Beiträge des anderen hervorheben.
… nicht als Unterlegener oder Verlierer betrachtet zu werden,	… ihm für seine (eventuell auch kämpferische) Mitwirkung danken und seine Verdienste für das Ganze herausstellen.

Einfühlsame und wertschätzende Bemerkungen sind die kleinen kostenlosen Geschenke, die Besprechungsteilneh- mer zur Verständigungsbereitschaft bewegen können.

So simpel die Motivationslogik sich auch darstellt, ist sie nicht immer so leicht in die Praxis umsetzbar. Nicht immer ist es ohne Weiteres erkennbar, welche Bedürfnisse bei den einzelnen Teilnehmern momentan vorhanden sind. Für den Gesprächsleiter bedeutet das, die Teilnehmerrunde stets aufmerksam und mit der nötigen Sensibilität für Gefühlsäußerungen zu beobachten. Oft werden nämlich emotionale Bedürfnisse mit Sachaussagen kaschiert. Auch lässt sich der Gefühlszustand mancher Teilnehmer – insbesondere der eher schweigsamen – nur an ihrer Mimik oder Körperhaltung ablesen.

Emotionale Signale wahrnehmen

Ein Gesprächsleiter sollte nicht ausschließlich auf die Sachaussagen der Teilnehmer fixiert sein, sondern auch deren emotionale Botschaften sensibel wahrnehmen und im Interesse ihrer Zufriedenheit darauf eingehen.

Man kann unbesehen davon ausgehen, dass die Mehrheit der Besprechungsteilnehmer ein ausgeprägtes Bedürfnis nach Anerkennung und Wertschätzung hat. Daher sollte man als Gesprächsleiter – wenn immer angebracht – die Beiträge der Teilnehmer durch verstärkende Wiederholungen oder mit anerkennenden Worten würdigen, um sie auf diese Weise positiv zu stimmen. Mit Lob und Anerkennung liegt man so gut wie nie falsch! Allerdings müssen wertschätzende Kommentare angemessen und ehrlich gemeint sein, um glaubhaft zu wirken.

Loben wirkt immer

Nicht selten hinterlässt ein Gewinn auf der Gefühlsebene eine stärkere Wirkung als das eigentliche Sachergebnis der Besprechung.

Zeitgewinn durch Visualisierungs- und Moderationstechniken

Besprechungsinhalte sichtbar machen

Zeitgewinn auf mehrfache Art

Mündliche Informationen werden schneller verstanden und prägen sich besser ein, wenn sie zusätzlich über die Sehorgane empfangen werden. Insbesondere bei schwierigen oder sehr vielgestaltigen Besprechungsinhalten kann daher durch Visualisierung – vor allem mit bildhaften Darstellungen – in vielerlei Hinsicht wertvolle Besprechungszeit gespart werden:

▨ Die Ausgangssituation ist schneller erklärt.

▨ Es wird zeitraubenden Missverständnissen vorgebeugt.

▨ Die Visualisierung des Prozesses wirkt aktivierend und zielorientierend.

▨ Die Diskussion wird auf das Wesentliche gelenkt und man weicht seltener vom Thema ab.

▨ Es kommt seltener zu Wiederholungen aufgrund von Gedächtnislücken.

▨ Durch visualisierte Bewertungen wird die Meinungsbildung transparenter und dadurch beschleunigt.

▨ **Ein Bild sagt mehr als tausend Worte.**

In der folgenden Tabelle sind die am häufigsten eingesetzten Visualisierungsmedien (Informationsträger) mit ihren jeweiligen Vorzügen und Nachteilen aufgelistet.

Medium	Eignung/Vorzüge	Nachteile
Flipchart	sowohl für vorbereitete als auch situativ entwickelte Darstellungen, ständige Sichtbarkeit im Raum, problemlose Aufbewahrung der Flipcharts	keine Flexibilität bei Korrekturen oder Umstrukturierungen
Moderationswand (Pinnwand)	optimal für situativ entwickelte Moderationsergebnisse, ständige Sichtbarkeit im Raum, vielfältige und flexible Gestaltungsmöglichkeiten	relativ platzaufwendig, nur bedingte Transport- und Aufbewahrungs- möglichkeit
Arbeitsprojektor (Overhead-Projektor)	sowohl für vorbereitete als auch situativ entwickelte Darstellungen, problemlose Aufbewahrung der Projektionsfolien	Visualisierung nur während der Projektion, Überstrahlung bei Sonnen- schein oder heller Raumbeleuchtung
Beamer mit PC oder Notebook	für vorbereitete anspruchsvolle Präsentationen	hoher Geräteaufwand, eventuelle Verzögerungen wegen Installations- oder Kompatibilitätsproblemen
Whiteboard oder Schultafel	für frei entwickelbare und leicht zu korrigierende Darstellungen	nicht transportabel, Darstellungen lassen sich nicht aufbewahren

Visualisierungen erfüllen ihren Zweck jedoch nur dann, wenn sie übersichtlich, verständnisfördernd und für jeden Besprechungsteilnehmer gut lesbar sind. Dazu sind erforderlich:

Übersichtlichkeit und Lesbarkeit

- geeignete Schreibmittel (Filz-/Folienstifte angemessener Strichstärke)
- saubere Schrift (Druckbuchstaben ausreichender Schrifthöhe)
- Beschränkung auf Stichworte oder kurze Sätze
- logische Gliederung
- Hervorhebungen durch Farben oder Symbole
- möglichst bildhafte Gestaltung (Gliederungsbäume, Diagramme, Ablaufpläne und so weiter)

Unleserliche oder verwirrende Darstellungen verärgern die Teilnehmer, statt sie zu motivieren.

Einsatz von Moderationstechniken

Bekannt wurden diese Methoden und ihre technischen Hilfsmittel zunächst unter dem Firmennamen „Metaplan". Der firmenneutrale, heute überwiegend verwendete Begriff lautet „Moderationstechniken".

> **Moderationstechniken sind kein reines Sichtbarmachen, sondern sind darüber hinaus vielfältige Arbeitsmethoden zur Unterstützung des Besprechungsprozesses mit technischen Hilfsmitteln.**

Moderationstechniken helfen, die einzelnen Arbeitsschritte zu optimieren. Dazu bieten sich die in der folgenden Tabelle genannten Methoden und Hilfsmittel an.

Arbeitsziel	Methodik	Hilfsmittel
Verdeutlichen der Besprechungsziele	Auflistung	vorbereitetes Plakat
lückenloses Sammeln von Fakten, Ideen, Fragen	Kartenabfrage	Moderationswand mit Stichwortkarten oder Flipchart
logisches Gliedern der eingebrachten Informationen	Clustern (Kartensortieren)	eine oder mehrere Moderationswände
Aufstellen gemeinsamer Prioritäten	Punktabfrage	Klebepunkte
Auswählen von Lösungsalternativen	Entscheidungstabelle oder -baum	Flipchart oder Overhead-Projektor
Planung von Realisierungsmaßnahmen	Kartenabfrage oder Maßnahmenkatalog	Moderationswand mit Stichwortkarten oder Flipchart
Dokumentation der Besprechungsergebnisse	Zettelprotokoll	Moderationswand mit Stichwortkarten

Erläuterungen zu den Methoden

Auflistung:	Die Besprechungsziele werden auf einem Plakat übersichtlich gegliedert niedergeschrieben.
Kartenabfrage:	Die Teilnehmer notieren ihre Beiträge auf Stichwortkarten, die an eine Moderationswand geheftet werden. Durch unterschiedliche Kartenfarben und -formen lassen sich Urheber und inhaltliche Zuordnungen kenntlich machen.
Clustern:	Die gesammelten Stichwortkarten werden nach bestimmten Gesichtspunkten sortiert; es werden Schwerpunkte gebildet und Überschriften formuliert.
Punktabfrage:	Die Teilnehmer dokumentieren durch Klebepunkte ihre persönlichen Bewertungen zu den visualisierten Beiträgen.
Entscheidungs-baum/-tabelle:	Zwecks Auswahl werden die Lösungsalternativen grafisch dargestellt oder in einer Tabelle aufgelistet und bewertet. (Näheres hierzu im Kapitel 3 unter „Entscheidungstechniken" auf Seite 79 ff.)
Maßnahmen-katalog:	Die Maßnahmen beziehungsweise Arbeitsaufträge zur Umsetzung der Besprechungsergebnisse sowie die jeweiligen Funktionsträger werden tabellarisch aufgeführt. Auch hier kann eine unterstützende grafische Darstellung des Gesamtvorhabens angebracht sein.
Zettelprotokoll	Zu protokollierende Ergebnisse werden unverzüglich auf Stichwortkarten notiert, wodurch sich kontinuierlich ein Abbild des Besprechungsverlaufs entwickelt. Später kann ein Übertrag in die klassische Protokollform erfolgen.

Gute Eignung für Kleingruppenarbeit

Moderationstechniken sind auch sehr hilfreich für Gruppenarbeiten. Die Effektivität mancher Besprechungen lässt sich deutlich steigern, wenn sich die Teilnehmer in bestimmten Phasen, zum Beispiel zur Ideenfindung, oder für spezielle Aufgaben zu Kleingruppen zusammensetzen. Mithilfe von Moderationstechniken können die Gruppen dabei weitestgehend autark arbeiten, ihre Arbeitsergebnisse später im Plenum präsentieren, und es lassen sich die Gruppenergebnisse problemlos zu einem Gesamtergebnis zusammentragen.

Die sieben Erfolgsregeln für den Gesprächsleiter

1. Sich sorgfältig vorbereiten

Sind bei einer Besprechung sehr kontroverse Teilnehmerinteressen zu erwarten, sollten Sie sich besonders gut vorbereiten. Stimmen Sie sich auf Ihre Moderatorenrolle ein und versorgen Sie sich mit hilfreichem Informationsmaterial sowie geeignetem technischem Zubehör.

2. Positives Gesprächsklima schaffen

Erfahrungsgemäß ist die Eröffnungsphase für den Verlauf einer Besprechung von besonderer Bedeutung, denn es werden hier bereits wichtige Weichen gestellt. Durch die Art Ihrer Eröffnung können Sie maßgeblich dazu beitragen, dass sich ein spannungsfreies, konstruktives Gesprächsklima entwickelt. Sie sollten

- die Teilnehmer freundlich begrüßen und erforderlichenfalls miteinander bekannt machen,
- positive Einführungsworte wählen,
- an Fairness und Gesprächsdisziplin erinnern,
- den Nutzen für die Beteiligten verdeutlichen.

3. Ziele und Verfahrensregeln festlegen

Häufig kommt es zu Konflikten, weil die Besprechungsteilnehmer uneinheitliche Vorstellungen von den Zielen oder vom Ablauf der Besprechung haben. Deshalb ist es unerlässlich, dass Sie hierzu von Beginn an für Klarheit sorgen und

- Tagesordnung und Ziele benennen,
- den Besprechungsablauf erläutern/vereinbaren,
- die Entscheidungskompetenz klarstellen,
- Entscheidungsverfahren regeln,
- Diskussionsregeln in Erinnerung bringen,
- den Zeitrahmen abstecken, Pausen vereinbaren.

4. Problem transparent machen

Stellen Sie eingangs den Teilnehmern gut nachvollziehbar die Problemsituation mit allen Auswirkungen und lösungsrelevanten Details vor. Schildern Sie ihnen gegebenenfalls auch die Vorgeschichte und wichtige Vorkommnisse. Entscheidungen zu komplexen Problemen fallen leichter, wenn man sie zuvor in überschaubare Teilprobleme zerlegt. Dabei ist es psychologisch günstig, zunächst das unstrittigste Teilproblem diskutieren zu lassen. Ein frühzeitiges gemeinsames Erfolgserlebnis wirkt sich positiv auf das Klima des weiteren Besprechungsablaufs aus.

5. Keine voreilige Kritik zulassen

Zunächst sollten Sie allen Teilnehmern Gelegenheit geben, ihre Ideen und Vorschläge vorzutragen, ehe darüber diskutiert und somit meist auch kritisiert wird. Andernfalls werden Teilnehmer schon frühzeitig enttäuscht oder befürchten, ihre eigenen Ideen nicht mehr rechtzeitig einbringen zu können. Sie werden sich dann schon deswegen den Meinungen und Vorschlägen anderer verschließen.

6. Erst Maßstäbe setzen – dann entscheiden

Besonders wichtig ist es, sich erst auf die Entscheidungskriterien und Bewertungsmaßstäbe zu einigen, ehe man die verschiedenen Lösungsmöglichkeiten beurteilt (siehe auch Kapitel 3, „Wahl der Entscheidungskriterien", Seite 70). Erst dann ist es an der Zeit, die Alternativen schrittweise an den aufgestellten Kriterien zu messen. Im Interesse der Transparenz des Entscheidungsprozesses und der Akzeptanz durch die Teilnehmer sollten Sie bei komplexeren Sachverhalten den Bewertungsablauf visualisieren, zum Beispiel mit dem Overhead-Projektor, am Flipchart oder an einer Moderationswand. Dazu gehört vor allem das schriftliche Festhalten aller eingebrachten Lösungsalternativen, der vereinbarten Entscheidungskriterien und der schließlich ermittelten Alternativenrangfolge.

7. Auf Zeitdisziplin achten

Beginnen Sie pünktlich, auch wenn sich einige Teilnehmer verspäten sollten – es sei denn, es handelt sich um Teilnehmer, deren Anwesenheit zwingend notwendig ist. Zum einen sollte man die Pünktlichen nicht durch das Warten bestrafen, zum anderen verleitet ein verspäteter Beginn weitere Teilnehmer zur Unpünktlichkeit bei künftigen Besprechungen. Behalten Sie aber auch die vorgesehene Dauer im Auge. Möglicherweise haben einige Teilnehmer im Anschluss noch andere Termine wahrzunehmen. Legen Sie spätestens nach zwei Stunden eine Pause ein. Werden Teilnehmer konditionell überfordert, kostet das meist durch Unkonzentriertheit mehr Zeit als eine angemessene Erholungspause. Abgesehen davon, dass bei einer festgefahrenen erhitzten Diskussion eine Abkühlungsphase den Prozess wieder in Gang bringen kann. Dringen Sie aber darauf, dass die vereinbarten Pausenzeiten nicht überzogen werden. Das Einhalten der Zeiten fällt leichter, wenn im Besprechungsraum für alle sichtbar ein Zeitplan und eine Wanduhr angebracht sind.

6. Professionelle Besprechungs- vorbereitung

Besprechungen verlaufen in aller Regel nur dann optimal, wenn sie sorgfältig vorbereitet sind. Wird die Vorbereitung vernachlässigt, kommt es häufig durch organisatorische Mängel zu Zeitverschwendung, verärgerten Teilnehmern und mangelhaften Ergebnissen.

Teilnehmer nicht verärgern

Beispiel aus der Praxis

Ein Mitarbeiter wurde beauftragt, eine wichtige Besprechung zu organisieren, zu der auch leitende Angestellte aus anderen Unternehmensbereichen anreisen sollten. Der Mitarbeiter kümmerte sich beizeiten um alles Erforderliche: schriftliche Einladungen, Hotelunterkünfte, Reservierung eines optimalen Besprechungsraums, Raumausstattung bis hin zum Bestellen der Getränke und Aufstellen von Namensschildern. Der Besprechungstermin steht kurz bevor, als der Mitarbeiter selbst zum Sitzungszimmer eilt und schon von Weitem eine Traube Menschen auf dem Flur stehen sieht. Was ist geschehen? Der Raum ist verschlossen, und keiner weiß, wer den Schlüssel hat. Nach einigen hektischen Telefonaten wird schließlich der zuständige Hausmeister aufgetrieben, um den 20 Teilnehmern nach einer viertelstündigen Wartezeit Einlass zu verschaffen. Das Ergebnis: Es wurden durch die Panne 20 × 0,25 = 5 hoch dotierte Arbeitsstunden vertan und die Teilnehmer gehen bereits verärgert in die Besprechung. Kleine Ursache – große Wirkung!

Es ließen sich hierzu unzählige ähnliche Beispiele mit zum Teil teuren Folgen anführen.

> **Viel Zeitverschwendung und Verdruss lassen sich bereits durch eine sorgfältige Besprechungsvorbereitung vermeiden.**

Vorbereitungs-Checkliste

Eine Checkliste sichert ab

Durch die Verwendung einer Checkliste – wie sie im Folgenden dargestellt ist – lässt es sich sicherstellen, dass Versäumnisse der oben geschilderten Art vermieden werden. Zwar sind die im folgenden Musterformular aufgeführten Maßnahmen allseits bekannte Selbstverständlichkeiten, jedoch wird wegen der Vielzahl immer wieder das eine oder andere übersehen. Die Auflistung ist als ein Maximalrahmen zu betrachten, denn nicht bei jeder Besprechung werden alle Punkte zu beachten sein. Deshalb ist auch eine Spalte „erforderlich" vorgesehen, in der zunächst markiert werden kann, welche der Maßnahmen für den aktuellen Fall zutreffen. Weitere Spalten dienen dazu, das eventuelle Delegieren von Einzelmaßnahmen zu vermerken und die Aufgabenerledigung zu kontrollieren.

Vorbereitungs-Checkliste für Besprechungen

Besprechungsthema: Veranstalter: Termin: Ort, Raum:

lfd. Nr.	Art der Maßnahme (Stellt keine zeitliche Reihenfolge dar!)	erforderlich	Termin frühestens spätestens	Erledigung durch	erledigt am	Bemerkungen
1	**Themen, Inhalte**					
1.1	Themenvorschläge/Fragen sammeln					
1.2	Besprechungsziele/ -fragen formulieren					
1.3	Tagesordnung aufstellen					
1.4	gegebenenfalls Vorinformationen für die Teilnehmer zusammenstellen/ ausarbeiten und zusenden					

lfd. Nr.	Art der Maßnahme (Stellt keine zeitliche Reihenfolge dar!)	erfor- derlich	Termin frühestens spätestens	Erledigung durch	erledigt am	Bemerkungen
1.5	Vorgespräche vereinbaren					
1.6	Vorgespräche führen					
2	**Teilnehmer**					
2.1	Teilnehmerkreis festlegen					
2.2	Gesprächsleiter/Moderator und Protokollführer benennen sowie verständigen					
2.3	Teilnehmer einladen (gegebenen- falls mit Informationsmaterial)					
2.4	Einladungen bestätigen lassen					
2.5	Protokollart und -methode vereinbaren					
3	**Termin, Ort**					
3.1	voraussichtliche Dauer abschätzen					
3.2	Terminmöglichkeiten prüfen, Terminwünsche erfragen					
3.3	endgültigen Besprechungstermin festlegen					
3.4	Pausenzeiten und gegebenenfalls Pausengestaltung planen					
3.5	geeigneten Besprechungsort und -raum auswählen (Erreichbarkeit, Größe, Ausstattung)					
3.6	Besprechungsraum reservieren lassen					
3.7	Anfahrplan erstellen					
4	**örtliche Organisation, Technik**					
4.1	Besprechungsraum überprüfen (Heizung, Lüftung, Ausstattung, Sauberkeit)					
4.2	Schließ- und Schlüsselfragen klären					
4.3	Sitzordnung festlegen					
4.4	Möblierung entsprechend der Sitzordnung veranlassen					
4.5	Moderationsmittel bereitstellen (Flipchart, Moderationswände, Whiteboard und so weiter)					
4.6	Moderationszubehör vorsehen (Wand- /Flipchartpapier, Filzschreiber, Stichwortkarten, Klebestifte)					

6. Professionelle Gesprächsvorbereitung

lfd. Nr.	Art der Maßnahme (Stellt keine zeitliche Reihenfolge dar!)	erfor- derlich	Termin frühestens spätestens	Erledigung durch	erledigt am	Bemerkungen
4.7	Projektionsgeräte und Bildwand bereitstellen (Overhead-Projektor, Beamer, Notebook, Videorekorder)					
4.8	Tontechnik bereitstellen (Konferenz- anlage, Aufzeichnungsgerät)					
4.9	technisches Zubehör, Ersatzteile vorhalten					
4.10	Kopiermöglichkeit organisieren, Kopierpapier bereitlegen					
4.11	Telefonier-/Faxmöglichkeit regeln, Telefonverzeichnisse bereitlegen					
4.12	Internetzugang einrichten					
4.13	Funktionskontrolle aller technischen Geräte vornehmen					
4.14	Teilnehmer- / Anwesenheitsliste anfertigen					
4.15	Namensschilder zum Aufstellen oder Anstecken vorbereiten und bereithalten					
4.16	Teilnehmerunterlagen zusammenstellen, kopieren und auslegen					
4.17	Büromaterial vorhalten (Schreibpapier, Kugelschreiber, Locher, Heftgerät, Klebemittel und so weiter)					
4.18	Raum-/Tischdekoration vorbereiten					
4.19	Kurzpausenbeköstigung organisieren (Heiß-/ Kaltgetränke, Gebäck, Obst, Süßigkeiten)					
4.20	Garderobenunterbringung regeln					
4.21	Rauchmöglichkeiten regeln					
4.22	Abfallbehälter und Aschbecher aufstellen					
4.23	Wegweiser/Hinweisschilder aufstellen oder anbringen					
4.24	Pförtner verständigen					
5	**Sonstiges**					
5.1						
5.2						
5.3						

Formulierung der Besprechungsziele

Zielgerichtetes Handeln und zielbewusstes Entscheiden sind nur mit klarer Zielsetzung möglich. Ehe man ein Projekt in Angriff nimmt oder eine Arbeit beginnt, müssen sich alle Beteiligten darüber klar geworden sein, was erreicht werden soll. Andernfalls kommt es zu mehr oder weniger planlosen Aktivitäten, bei denen es Glückssache ist, ob etwas Brauchbares dabei herauskommt. Auch Besprechungen sind Arbeitsprozesse, sodass dieser Grundsatz selbstverständlich auch hier gilt.

Klare Zielsetzung ist wichtig

Nur wer ein Ziel vor Augen hat, wird einen geraden Weg gehen.

Doch ist das in der Praxis durchaus nicht immer gegeben. Nicht immer werden am Beginn der Besprechung vom Gesprächsleiter die Ziele noch einmal unmissverständlich genannt oder sie werden manchmal nur indirekt angedeutet (Motto: „Die Teilnehmer wissen ja, warum wir zusammenkommen wollten ..."). Doch selbst wenn zu einer Besprechung schriftlich eingeladen wurde, kann es vorkommen, dass sich manche Teilnehmer nicht mehr an die Details erinnern können – insbesondere, wenn sie von einer Besprechung in die andere eilen müssen. Diese Unwissenden beteiligen sich dann erst, wenn sie aus der Diskussion glauben herausgehört zu haben, worum es geht, oder sie äußern sich zur Verwunderung der anderen völlig neben dem Thema.

Manchmal zielloser Start

Nicht selten werden bereits in der Einladung die Ziele zu nachlässig formuliert. Wenn beispielsweise ein Tagesordnungspunkt lautet: „Etat für das kommende Rechnungsjahr", versteht möglicherweise mancher, man solle lediglich über die im nächsten Jahr zur Verfügung stehenden Gelder infor-

Oft schon mangelhafte Einladung

miert werden, und geht völlig unvorbereitet in die Besprechung. Tatsächlich aber werden vielleicht von den einzelnen Ressorts präzise Angaben über den künftigen Finanzbedarf erwartet, was zuvor sorgsame Recherchen der Teilnehmer erfordert. Der Tagesordnungspunkt hätte dann lauten müssen: „Angaben der einzelnen Ressorts zum Finanzbedarf im kommenden Rechnungsjahr".

Vollständige Zielformulierung

Die Formulierung eines Besprechungsziels ist erst dann vollständig, wenn sie die in der folgenden Abbildung dargestellten beiden Komponenten enthält.

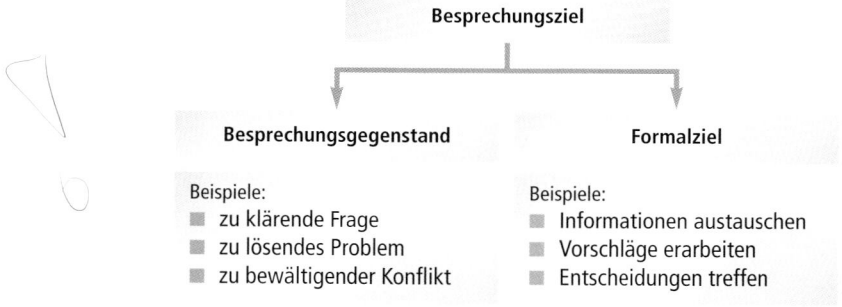

Voraussetzung für konstruktive Mitarbeit

Erst wenn den Besprechungsteilnehmern beide Zielkomponenten mit allen notwendigen Zusatzinformationen rechtzeitig bekannt gegeben werden, kann von ihnen erwartet werden, dass sie sich auf die Besprechung optimal vorbereiten, in der Besprechung nicht vom Thema abweichen und durch hilfreiche, zielorientierte Beiträge zum Besprechungserfolg beitragen.

Sind hingegen den Teilnehmern die Besprechungsziele unklar und bringen sie unterschiedliche Zielvorstellungen in die Besprechung mit,

▪ wird es zu Missverständnissen und Konflikten kommen,
▪ was zeitraubende und fruchtlose Diskussionen auslöst,

- wird eine optimale Ergebnisqualität nicht zu erzielen sein und
- werden Teilnehmer nach der Besprechung unzufrieden oder sogar verärgert sein.

Prozessorientierte Tagesordnung

Bei manchen Besprechungen soll nicht nur ein einziges Thema behandelt, sondern es sollen mehrere Punkte besprochen werden. In diesen Fällen ist eine Tagesordnung (heute oft auch als „Agenda" bezeichnet) aufzustellen und den Teilnehmern bei der Einladung mitzuteilen. Bei regelmäßigen Besprechungen ein und desselben Gremiums kann es jedoch zweckmäßig sein, die Tagesordnung erst am Beginn der Besprechung gemeinsam festzulegen oder die ursprünglich vorgesehene zu ändern beziehungsweise zu ergänzen. Auf diese Weise können aktuelle Ereignisse oder akute Anliegen einzelner Teilnehmer noch berücksichtigt werden.

Notwendigkeit einer Tagesordnung

Nicht nur die Formulierung, sondern auch die Reihenfolge der einzelnen Tagesordnungspunkte kann sich auf den Besprechungserfolg auswirken.

Daher sollte man die Punkte nicht wahllos auflisten, sondern sich schon beim Aufstellen der Tagesordnung Gedanken darüber machen, wie die Besprechung verlaufen wird und welche Teilnehmergefühle die einzelnen Punkten auslösen können. So kann man bei manchen Tagesordnungspunkten aufgrund des strittigen Sachverhalts oder wegen besonderer Empfindlichkeiten von Teilnehmern erahnen, dass es zu heftigen Auseinandersetzungen kommen wird. Dagegen ist bei anderen Punkten zu vermuten, dass man schnell zu einer Übereinkunft kommen wird, weil es sich um unkritische

Zu erwartende Gefühlsreaktionen berücksichtigen

Themen handelt. Bei den Überlegungen, wo brisante Themen in einer Tagesordnung am günstigsten zu platzieren sind, sollte man die in der folgenden Abbildung dargestellten Gesichtspunkte berücksichtigen.

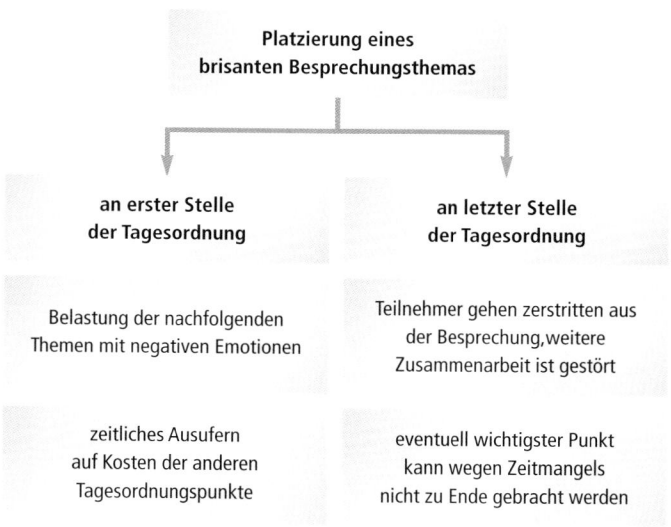

Prozessorientiert einschätzen Die Gegenüberstellung zeigt, dass hierzu keine allgemein verbindliche Aussage getroffen werden kann. In jedem Einzelfall sind die Vor- und Nachteile gegeneinander abzuwägen, wobei auch die Art der anderen, weniger strittigen Tagesordnungspunkte eine Rolle spielt. Tendenziell lässt sich aber sagen, dass eine Besprechung mit einem positiven Thema beginnen und auch enden sollte.

> Im Interesse des Gesamtverlaufs sollte eine Besprechung mit einem Erfolg versprechenden Thema beginnen und mit einem Optimismus weckenden Thema ausklingen.

Auswahl der Besprechungsteilnehmer

Wie viele Personen an einer Besprechung teilnehmen sollten, lässt sich nicht allgemeingültig beziffern. Es hängt von der Art und den Zielen der Besprechung ab, welche Personen etwas zum Thema beitragen sollen oder von den Besprechungsergebnissen betroffen sind.

Keine allgemeingültige Teilnehmerzahl

Tatsache ist, dass Besprechungen mit zunehmender Teilnehmerzahl im Allgemeinen zeitaufwendiger und zudem unergiebiger werden. Deshalb sollte man den Kreis so klein wie möglich halten und nur diejenigen einladen, die tatsächlich etwas beizutragen haben. Keinesfalls sollte der Teilnehmerkreis das Abbild der Unternehmenshierarchie sein: „Wenn wir Abteilungsleiter A zu einer Besprechung einladen, dürfen wir aus Loyalitätsgründen die Abteilungsleiter B und C nicht übergehen. Und wenn Abteilungsleiter A einen Aktenträger mitbringen darf, muss das auch den beiden anderen zugestanden werden." So sollte es nicht sein – dazu ist die Zeit aller zu kostbar und die Besprechungsqualität zu wichtig.

Hohe Teilnehmerzahlen mindern die Effizienz

> So viele Teilnehmer wie nötig, aber so wenige wie möglich!

In manchen Fachbüchern sind Maximalteilnehmerzahlen angegeben. So heißt es dort beispielsweise, es dürften maximal zwölf Personen an einer Besprechung teilnehmen. Derartige absolute Zahlen sind willkürlich und praxisfremd. Ist eine Entscheidung zu fällen, genügen vielleicht die wenigen Entscheidungsbefugten. Gilt es eine Problemlösung zu finden, werden je nach Sachverhalt einige wenige oder aber viele Fachleute benötigt. Soll hingegen eine gesamte Abteilung über eine Neuerung informiert werden, haben sämtliche Mitarbeiter teilzunehmen, ganz gleich, wie viele es sind.

Absolute Maximalzahlen sind praxisfremd

> Kommt man beim Auflisten der Teilnehmer auf eine Personenzahl über zehn, sollte man noch einmal kritisch überlegen, ob nicht doch auf den einen oder anderen verzichtet werden kann.

Benennen des Gesprächsleiters und Schriftführers

> Mit der Kompetenz des Gesprächsleiters steht und fällt die Effizienz des Besprechungsverlaufs.

Kriterien für die Gesprächsleiterwahl

Der Wahl des Gesprächsleiters ist besondere Beachtung zu schenken. In den meisten Fällen übernimmt diese Funktion

- der Gesamtverantwortliche,
- der Einladende,
- der Vorgesetzte oder
- der Fachsachbearbeiter.

Das muss jedoch noch nicht bedeuten, dass der Betreffende wegen seiner formalen Position oder üblichen Arbeitsaufgaben zwangsläufig für das Leiten einer Besprechung auch gut geeignet ist. Möglicherweise ist er darin ungeübt oder fehlt ihm einfach das nötige Geschick im Umgang mit Personengruppen.

Ein besonderer Status kann hinderlich sein

Auch ist zu bedenken, dass manche Funktionsträger wegen ihrer herausgehobenen hierarchischen oder fachlichen Position möglicherweise nicht die notwendige Neutralität verkörpern. Dass sie – gewollt oder ungewollt – besonders dominierend und meinungsbeeinflussend oder in der Sache voreingenommen wirken.

Bei besonders wichtigen oder kritischen Besprechungen kann es ratsam sein, die Gesprächsleiteraufgabe einem neutralen, aber methodenkompetenten Außenstehenden zu übertragen.

Auch kann es sinnvoll sein, dass ein Vorgesetzter die Gesprächsleiterrolle zeitweise an einen Mitarbeiter abgibt, wenn er in einer Besprechungsphase inhaltlich persönlich betroffen ist oder engagiert mitdiskutieren möchte.

Eine weitere besondere Aufgabe ist die des Schrift- oder Protokollführers. Auch hier sind im Interesse der Besprechungseffizienz bei der Personenwahl einige Kriterien zu berücksichtigen.

Bedingungen für die Schriftführerwahl

Beim Benennen des Schriftführers wird in der Praxis bedauerlicherweise manchmal recht sorglos verfahren.

Beispiel

Wegen des vermeintlich unproblematischen Besprechungsthemas hatte man anfangs auf ein Besprechungsprotokoll verzichtet. Im Folgenden erwies sich die Sache aber doch als schwieriger und führte zu einer längeren Debatte. Am Schluss stellt daher ein Teilnehmer die Frage, ob es denn nicht doch zweckmäßig wäre, ein Protokoll zu schreiben. Da alle zustimmen, fragt der Gesprächsleiter, wer das übernehmen wolle. Wie üblich meldet sich niemand freiwillig und der Vorgesetzte bestimmt schließlich jemanden. Beliebte Auswahlkriterien sind dabei oft: Rangniedrigster, fachlich Zuständiger oder einzige Frau unter den Teilnehmern. Die typischen Folgen sind: Da der arme Auserwählte das Protokoll ohne Notizen aus dem Gedächtnis schreiben muss, wird es eine Mischung aus Dichtung und Wahrheit! Da es zu aufwendig wäre, sich zwecks Korrektur noch einmal mit allen abzustimmen, wird das zweifelhafte Protokoll schließlich von allen stillschweigend zu den Akten genommen.

Protokollfrage rechtzeitig klären

Damit es nicht zu derartigen Situationen kommt, ist die Frage des Protokolls und des Protokollführers schon vor der Besprechung zu regeln. Nur dann kann sich der Betreffende darauf einstellen und vorbereiten. Doch wer ist überhaupt für die Schriftführerfunktion geeignet? Prinzipiell natürlich jeder, der einigermaßen zügig schreiben kann. Ansonsten lässt sich am ehesten die Negativfrage beantworten, nämlich wer damit nicht beauftragt werden sollte. Das sind in erster Linie

- der Gesprächsleiter, der auf den Besprechungsablauf und die Teilnehmer achten muss, sowie
- die Besprechungsteilnehmer, von denen besonders wichtige inhaltliche Beiträge erwartet werden.

> **Schriftführer sollte auf keinen Fall jemand sein, der sich in der Besprechung auf anderweitige Aufgaben konzentrieren soll.**

Separater Schriftführer

Man kann nur eines von beidem hundertprozentig leisten: entweder sich in die Diskussion intensiv einbringen oder sich für das Protokoll die notwendigen Notizen machen. Es ist daher besser, jemandem die Aufgabe zu übertragen, der nicht zum eigentlichen Teilnehmerkreis gehört. Allerdings erfordert das einen zusätzlichen Personalaufwand mit entsprechenden Kosten. Es müssen daher oft Kompromisslösungen gefunden werden.

Im Kapitel 7 unter „Das Protokoll als zielführendes Steuerungsinstrument" (Seite 158) ist eine Art der Protokollierung beschrieben, bei der jeder beliebige Teilnehmer oder sogar der Gesprächsleiter selbst die Aufgabe problemlos übernehmen kann und sich demzufolge ein besonderer Schriftführer erübrigt.

Erleichterung durch besondere Aufnahmemethode

Terminvereinbarung, Besprechungsdauer, Pausenregelung

Um zu gewährleisten, dass alle für das Besprechungsthema benötigten Personen tatsächlich teilnehmen können, sollten Besprechungstermine so früh wie möglich abgesprochen werden. Bei längerfristigen Vereinbarungen und besonders bedeutsamen Besprechungen empfiehlt es sich, den Termin durch zusätzliche schriftliche Einladungen abzusichern. In manchen Unternehmen sind alle Mitarbeiter gehalten, ihre Termine für jedermann einsehbar in einem elektronischen Kalender festzuhalten und es auch anderen zu ermöglichen, dort Besprechungstermine zu platzieren, beispielsweise mit dem PC-Programm Outlook. Das erspart zeitraubende telefonische Abstimmungen und erleichtert so die Planung von Besprechungsterminen. Voraussetzung ist allerdings, dass jeder seinen Terminkalender ständig auf dem aktuellen Stand hält.

Termine rechtzeitig abstimmen

Bei der Terminabsprache sollte auch die voraussichtliche Dauer abgeschätzt und in der Einladung vermerkt werden. Das ermöglicht es den Teilnehmern, ihre weitere Terminplanung darauf abzustimmen. Außerdem erleichtert dies es dem Gesprächsleiter, die Teilnehmer während der Besprechung durch Hinweis auf die vereinbarte Dauer zur Zeitdisziplin anzuhalten. In den meisten Fällen ist es jedoch unrealistisch, die Besprechungsdauer auf die Minute genau im Voraus festzulegen. Meist ergibt sich unvorhergesehener

Auch die Dauer angeben

Diskussionsbedarf oder stellen sich zusätzliche Fragen, so-dass nur eine ungefähre Dauer angegeben werden sollte.

Leistungs-mindernde Zeiträume meiden

Es sollten für Besprechungen keine Zeiträume gewählt wer-den, während deren mit geminderter Aufmerksamkeit oder Leistungsfähigkeit der Teilnehmer gerechnet werden muss. Dazu zählen Termine vor der üblichen Mittagspause, vor Feierabend und während besonderer Arbeitsschwerpunkte.

Die Kondition der Teilnehmer beachten

Längere Besprechungen sollten durch angemessene Pausen unterbrochen werden, damit die Teilnehmer nicht konditio-nell überfordert werden. Schon eine zehnminütige Pause kann helfen, die nachlassende Aufmerksamkeit und Diskus-sionsfreudigkeit wieder anzuregen. Durch Unkonzentriert-heit der Teilnehmer wird mehr Besprechungszeit vertan, als einige kurze Erholungspausen benötigen würden. Wie häu-fig und wie lange Besprechungspausen zu bemessen sind, ist abhängig von

- der Kompliziertheit des Themas,
- dem persönlichen Engagement der Teilnehmer,
- den Klimabedingungen im Raum und
- der Tageszeit.

Pausen können Emotionen abbauen

Keinesfalls sollte länger als zwei Stunden pausenlos getagt werden. Eine Besprechungspause kann zudem auch bewir-ken, dass sich die Teilnehmer nach einer erhitzten Debatte wieder abkühlen oder ihre persönlichen Fehden im Pausen-gespräch beilegen.

> **Es ist fatal, wenn eine Besprechung kurz vor einer sich abzeichnenden Übereinkunft wegen Zeitmangels oder nachlassenden Teilnehmerinteresses vertagt werden muss.**

Zweckdienliche Räumlichkeiten und Sitzordnungen

Alles, was das Wohlbefinden der Teilnehmer beeinträchtigt, kann sich auf deren Besprechungsverhalten und damit auf die Besprechungsergebnisse negativ auswirken. Daher sollten auch optimale räumliche Voraussetzungen gewählt beziehungsweise geschaffen werden. Folgende Bedingungen spielen dabei eine Rolle:

Für optimales Umfeld sorgen

- Erreichbarkeit des Besprechungsraums
- Raumgröße und Zuschnitt
- Beheizung und Belüftung
- Beleuchtung und Sonnenschutz
- Raumakustik
- äußere Lärmquellen
- ablenkender Ausblick ins Freie
- Möblierung und technische Ausstattung

Einzelheiten zur Raumausstattung enthält die bereits vorgestellte Vorbereitungs-Checkliste (Seite 134).

Die Gesprächsatmosphäre wird stark geprägt durch räumliche Nähe und Blickkontakt der Teilnehmer. Den jeweiligen Besprechungscharakter berücksichtigend, sollte man die in dieser Hinsicht günstigste Möblierung und Sitzordnung anstreben. Auch wenn die Raumgröße oder der Raumzuschnitt manchmal zu Kompromisslösungen zwingen.

Atmosphärische Wirkung

Besondere Aufmerksamkeit ist einer zweckentsprechenden Sitzordnung zu widmen.

Günstige Teilnehmer- platzierung

Kann der Gesprächsleiter auf die Platzierung der Teilnehmer Einfluss nehmen, zum Beispiel durch aufgestellte Namensschilder, sollte er dafür sorgen, dass wichtige Experten und Entscheider frontal in seinem Blickfeld sitzen, da vor allem deren Wortmeldungen und nonverbale Reaktionen zu beachten sind. Außerdem sollten besonders gesprächige Teilnehmer nicht nebeneinandersitzen, da sie erfahrungsgemäß zu störenden Nebengesprächen mit den Nachbarn neigen.

Am häufigsten anzutreffen

Die rechteckige Anordnung der Tische ist die gebräuchlichste. Sofern die Stühle rundherum in einem geschlossenen Ring aufgestellt sind, ist der Gesprächsleiter optisch als gleichrangiger Teilnehmer integriert, was zu einer partnerschaftlichen Atmosphäre beiträgt. Allerdings hat er zu den in seiner Reihe neben ihm Sitzenden keinen Blickkontakt und kann deren Wortmeldungen eventuell übersehen. Um die Tischanordnung dem jeweiligen Grundriss des Raums anzupassen, können die Seitenverhältnisse des Rechtecks variiert oder die Tische auch als Oval oder Dreieck gestellt werden.

Geschlossene Rechteckform

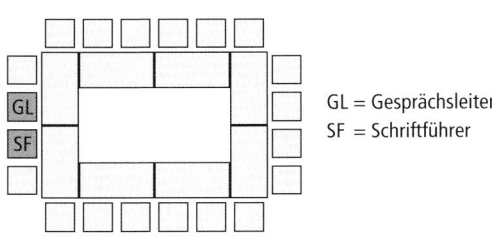

GL = Gesprächsleiter
SF = Schriftführer

Kontakt Gesprächsleiter – Schriftführer

Es ist günstig, wenn Gesprächsleiter und Schriftführer nebeneinandersitzen. Sie können sich dann während der Besprechung auf diskrete Weise gegenseitig unterstützen. Zum Beispiel kann der Gesprächsleiter unauffällig Hinweise zum Protokoll geben und andererseits der Schriftführer ihn auf eventuell übersehene Wortmeldungen aufmerksam machen.

Bei einer Tischanordnung in offener Rechteckform hebt sich der Gesprächsleiter optisch etwas von den Teilnehmern ab, was ihn allerdings auch gefühlsmäßig etwas distanziert. Andererseits hat er alle Teilnehmer gut in seinem Blickfeld und bietet ihm der zurückgesetzte Tisch die Möglichkeit, sich in die Runde hineinzubegeben, gezielt auf einzelne Teilnehmer zuzugehen oder Schriftmaterial zu verteilen – eine für Veranstaltungen mit Präsentations- oder Lehrcharakter empfehlenswerte Lösung, vor allem dann, wenn neben dem Gesprächsleiter der Platz für einen Projektor vorzusehen ist.

Günstig für Präsentationen

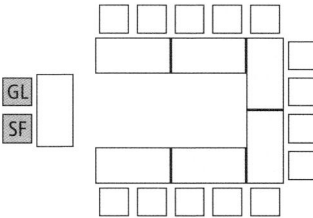

Offene Rechteckform

Trapeztische bieten besonders vielgestaltige Kombinationsmöglichkeiten für die unterschiedlichsten Anforderungen. Will man sich in einer Besprechung zeitweise in Kleingruppen aufteilen, lassen sich beispielsweise im Handumdrehen kleine Sechser-Inseln bilden. Bei der Möbelbeschaffung sollte aber auch an Rechtecktische gedacht werden, um sämtliche Gestaltungsmöglichkeiten nutzen zu können.

Vielfältige Gestaltungsmöglichkeiten

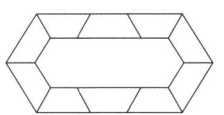 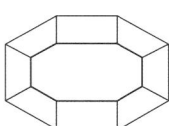 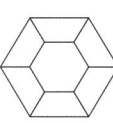 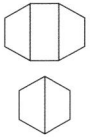

Variationen mit Trapeztischen

Kommunikativste Form

Ein offener Kreis ohne Tische eignet sich für besonders zwanglose, informelle Gesprächsrunden. Während Tische stets eine gewisse optische und damit auch emotionale Barriere bilden, schafft eine offene Sitzrunde ein besonders intensives Gemeinschaftsgefühl. Allerdings ist diese persönliche Nähe nicht immer von den Teilnehmern gewünscht, sondern manche vermissen den „schützenden" Tisch. Auch ist eine tischlose Sitzordnung unpraktisch, wenn die Besprechungsteilnehmer viel zu notieren haben, und das Sitzen ist bei längeren Besprechungen anstrengender, wenn man sich nicht hin und wieder nach vorne abstützen kann.

Offener Kreis

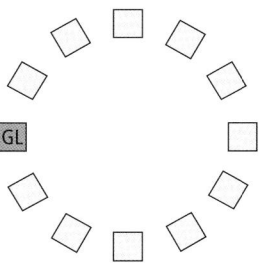

Raum sparende Lösung

Für Besprechungen mit sehr großer Teilnehmerzahl oder in engen Räumen bietet sich die Kinobestuhlung an. Sofern die Teilnehmer nicht untereinander zu diskutieren haben, wirkt sich diese Sitzordnung auch nicht sonderlich nachteilig auf die Besprechungsatmosphäre aus. Beispielsweise ist sie für Zusammenkünfte mit rein informierendem Charakter, wo höchstens einige direkt zu beantwortende Einzelfragen zu erwarten sind, eine akzeptable Lösung.

Kinobestuhlung

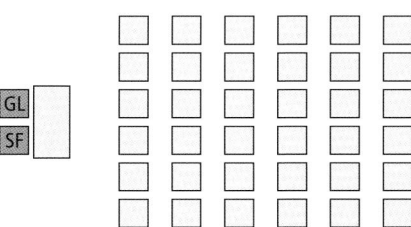

Schriftliche Besprechungseinladung

Bei manchen Besprechungen ist es empfehlenswert, die Teil-nehmer schriftlich (auch zusätzlich zu einer mündlichen Ankündigung) einzuladen. Das gilt vor allem, wenn

Oft ist die Schriftform ratsam

- es sich um eine besonders wichtige Besprechung handelt,
- schon sehr frühzeitig eingeladen wird,
- eine umfangreiche Tagesordnung vorgesehen ist oder
- die Teilnehmer schriftliche Informationen für ihre Vorbe-reitung benötigen.

Eine vollständige Besprechungseinladung enthält normaler-weise folgende Angaben:

- Veranstalter/Einladender
- Kontaktdaten des Einladenden für Rückfragen
- Besprechungstermin und voraussichtliche Dauer
- Besprechungsort und -raum
- Gesprächsleiter und Protokollführer
- Teilnehmernamen und -funktionen
- Thema beziehungsweise Tagesordnung

Falls erforderlich, ist um Teilnahmebestätigung zu bitten. Bei häufigen Besprechungseinladungen kann es zur Verein-fachung nützlich sein, ein einheitliches Formular zu verwen-den. In Kapitel 7 (Seite 155) wird ein Musterformular vor-gestellt, das für Einladungen und Protokolle gleichermaßen geeignet ist, da für beide Zwecke die gleichen Angaben zu machen sind.

7. Protokollierung und Nachbereitung

Funktionen des Besprechungsprotokolls

Oft wird es erst später vermisst

Mitunter wird es den Beteiligten erst viel später schmerzlich bewusst, dass man die Ergebnisse der Besprechung besser hätte in einem Protokoll festhalten sollen. Wenn nämlich der Gesamtverantwortliche nach einiger Zeit bemerkt, dass die beschlossenen Maßnahmen ausgeblieben sind oder nicht vereinbarungsgemäß durchgeführt wurden.

Ein zweckdienlich gestaltetes Protokoll macht es sicherer, dass über ein Problem nicht nur gesprochen wird, sondern daraus auch wichtige Konsequenzen gezogen werden.

Vertaner Besprechungsaufwand

Oft kommt es dann zu Meinungsverschiedenheiten und Schuldzuweisungen, bei denen es sich nicht mehr einwandfrei rekonstruieren lässt, was damals tatsächlich abgesprochen wurde. Die aufgewendete kostbare Besprechungszeit zahlt sich dann nur deshalb nicht aus, weil man sich den relativ geringen Aufwand für ein Protokoll erspart hat – von den Folgeauswirkungen der Umsetzungsversäumnisse ganz zu schweigen. Dagegen kann ein sinnvoll erstelltes Besprechungsprotokoll gleich mehrere Zwecke erfüllen, wie die folgende Abbildung zeigt.

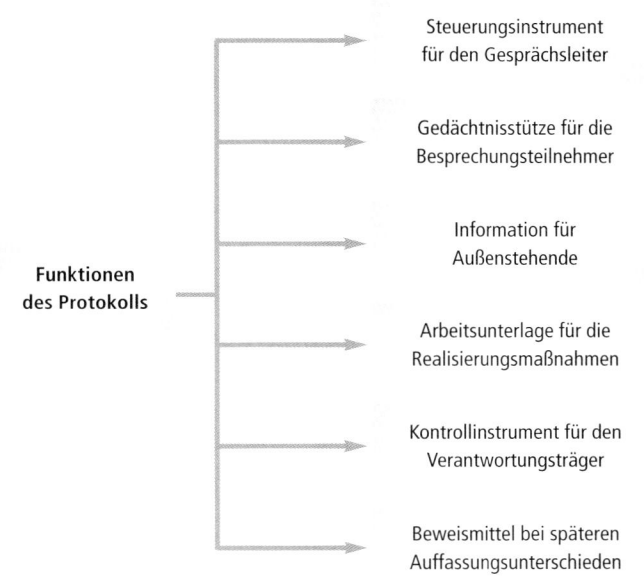

Arten und Formen von Protokollen

Es sind drei unterschiedliche Protokolltypen zu unterscheiden:

 Wortprotokoll
 Verlaufsprotokoll
 Ergebnis- oder Beschlussprotokoll

Das Wortprotokoll ist eine lückenlose Dokumentation des gesamten Besprechungsablaufs mit wörtlicher Wiedergabe der Teilnehmerbeiträge. Es ist entsprechend aufwendig, sowohl für den Schriftführer als auch für die Leser. Im betrieblichen Alltag spielt es daher heute keine Rolle mehr. Es ist nur noch im Parlament oder bei Gericht anzutreffen, wo es als juristisch unanfechtbares Beweismittel dienen soll. In einem

Auf konkrete Ergebnisse beschränken

Verlaufsprotokoll wird zwar auf die wörtliche Rede verzichtet, aber dennoch der gesamte Besprechungsablauf geschildert. In betrieblichen Besprechungen ist es in aller Regel völlig ausreichend, sich auf die endgültigen Ergebnisse oder gefassten Beschlüsse zu beschränken und nur in begründeten Ausnahmefällen auch den Weg dorthin in aller Kürze zu skizzieren.

Ein Formular erhöht die Effizienz

Trotz des hohen Nutzens wird manchmal auch in wichtigen Besprechungen ein Protokoll für entbehrlich gehalten, oder es findet sich niemand bereit, die Aufgabe des Schriftführers zu übernehmen. Die Scheu davor rührt mitunter von der Unsicherheit her, wie ein korrektes Protokoll aufzubauen ist und was hineingehört. Dem kann durch ein Formular abgeholfen werden. Zwar gibt es dafür keine Norm, jedoch haben viele Unternehmen selbst entworfene Formulare einheitlich eingeführt. Das erleichtert nicht nur das Schreiben der Protokolle, sondern auch das Lesen. Bestimmte Beschlüsse und Informationen lassen sich schneller auffinden und das Protokoll lässt sich als Arbeitsunterlage besser handhaben. Außerdem nimmt ein Formular die Scheu davor, wirklich kurz und bündig, möglichst sogar nur stichwortartig zu formulieren. Die Zeit für das Lesen von mit blumenreicher Sprache verfassten Aufsätzen kann und will heute niemand mehr aufbringen.

Die klassische Protokollform

Das nachstehend abgebildete Formularmuster zeigt den allgemein üblichen Protokollaufbau. Eine Besonderheit dieser Version ist allerdings, dass sie auch als Besprechungseinladung benutzt werden kann. Da in beiden Fällen dieselben allgemeinen Besprechungsdaten einzutragen sind, braucht man die schriftliche Einladung lediglich durch die Besprechungsergebnisse zu ergänzen, damit sie zu einem Protokoll wird.

☐ **Besprechungseinladung**		Anlass/Projekt:	
(Zutreffendes ankreuzen)		Protokoll-Nr. Bl. von	
☐ **Besprechungsprotokoll**			

Veranstalter/Einladender:	Anschrift:	Einladungs-/Protokolldatum:	
		Telefon:	
		Telefax:	
		E-Mail:	

Datum, Uhrzeit:	voraussichtliche Dauer:	Besprechungs- ort/-raum:	Gesprächs- leiter/in:	Protokoll- führer/in:	Protokollführer Unterschrift:

Teilnehmer/innen:	Firma/Tätigkeits- bereich:	Thema/Tagesordnung:
		Verteiler/Umlauf:

Besprechungsergebnisse:	Erledigung durch/bis:

Die Ergebnisliste

Eine besonders übersichtliche und zeitsparende Protokollform ist die Ergebnisliste. Diese Variante eignet sich besonders gut für turnusmäßige Besprechungen ständiger
Gremien, zum Beispiel von Arbeitsgruppen oder Planungs-
teams. Die Besonderheit gegenüber der klassischen Form ist,
dass die Protokolle sozusagen „fortgeschrieben" werden. Sowohl die Protokolle werden fortlaufend nummeriert als auch
die einzelnen Ergebnisse. Wobei die Ergebnisse über alle Protokolle hinweg von eins bis unendlich durchnummeriert
werden – ähnlich der Paragrafennummerierung in Gesetzes-
texten. Das vereinfacht Bezugnahmen auf bestimmte Inhalte und erleichtert das Auffinden. Zur besseren Orien-
tierung können die Ergebnisnummern außerdem durch
Buchstaben ergänzt werden, um die Ergebnisart zu kennzeichnen. Das folgende Musterformular enthält links unten
die entsprechende Legende. Zusätzlich sind im Formular
besondere Spalten für die Ergebnisbearbeitung und Erle-
digungskontrolle vorgesehen.

**Die Ergebnisliste ist sowohl für das Erstellen als auch für
die spätere Nutzung die zeitsparendste und wirkungs-
vollste Protokollform.**

Das Zettelprotokoll

Eine weitere Sonderform ist das Zettelprotokoll, bei dem
die üblichen moderationstechnischen Hilfsmittel eingesetzt
werden (siehe hierzu auch Kapitel 5, „Zeitgewinn durch Vi-
sualisierungs- und Moderationstechniken", Seite 126) Die
Bezeichnung „Zettelprotokoll" rührt daher, dass die Besprechungsergebnisse auf Stichwortkarten notiert und anschließend an eine Moderationswand geheftet werden. Auf diese
Weise entwickelt sich das Protokoll vor den Augen aller und
der bisherige Besprechungsablauf ist jederzeit nachvollzieh-

Ergebnisliste zur Besprechung			Anlass/Projektart:	Projekt-Nr.:	Sitzung/Liste Nr. Bl. von
				Projekt-/Sitzungsleitung:	Sitzungsdatum:
Ergebnis Nr. / Art	Betroffene	Stichwort	Besprechungsergebnisse (stichwortartig)		erledigen am/bis erledigt am
Ergebnisart: A = Arbeitsauftrag B = Beschluss F = Frage I = Information			Verteiler/Umlauf:		Protokollführer/in:

bar. Das hilft, Wiederholungen zu vermeiden und die Besprechung systematisch auf die Ziele hinzulenken. Im Anschluss an die Besprechung überträgt der Schriftführer die Notizen in die übliche Protokollform.

Das Protokoll als zielführendes Steuerungsinstrument

Fragwürdigkeit nachträglicher Protokolle

Wie am Beginn des Kapitels anhand eines Praxisbeispiels geschildert, werden Protokolle manchmal erst nach der Besprechung aus dem Gedächtnis entworfen. Auf diese Art gefertigte Protokolle weisen meist Lücken oder Missverständnisse auf, da die Inhalte nicht mit den Teilnehmern abgestimmt wurden. Anschließende Meinungsverschiedenheiten und Nachbesserungsaktionen sind dann nicht selten die Folge.

> Eines der wichtigen Qualitätsmerkmale für die spätere Nutzung eines Protokolls ist, dass alle Teilnehmer ihre Zustimmung zu den Inhalten gegeben haben.

Am Schluss wird die Zeit meist knapp

Vielfach wird daher empfohlen, dass der Gesprächsleiter am Schluss die Besprechungsergebnisse für das Protokoll formuliert beziehungsweise die Protokollnotizen vom Schriftführer vorlesen lässt und dazu noch vor Ort das Einverständnis der Teilnehmer einholt. Die Praxis sieht jedoch häufig so aus, dass gegen Ende der Besprechung die Zeit ohnehin knapp geworden ist oder die geplante Dauer sogar überzogen wurde und man notgedrungen auf die Protokollverabschiedung verzichtet.

Eine derartige Protokollierung hat naturgemäß auch keinen nutzbringenden Einfluss auf den Besprechungsverlauf selbst. Dagegen lassen sich durch die folgende Vorgehensweise nicht nur die oben geschilderten Probleme vermeiden, sondern das Protokoll wird für den Gesprächsleiter zudem noch zu einem hilfreichen Steuerungsinstrument. Folgendermaßen ist dabei vorzugehen:

Die optimale Aufnahmemethode

1. Immer wenn der Gesprächsleiter meint, es sei etwas Wesentliches erarbeitet worden, unterbricht er kurz die Diskussion und stellt die Frage, ob der Punkt ins Protokoll aufgenommen werden soll.
2. Wird das bejaht, diktiert er den Protokolltext (möglichst kurz und knapp) dem Schriftführer oder spricht ihn in ein Diktiergerät.
3. Danach fragt er die Teilnehmer, ob alle mit der Formulierung einverstanden sind.
4. Erhebt jemand Einspruch, verständigt man sich auf eine entsprechende Textänderung.
5. Erst dann lässt der Gesprächsleiter die Teilnehmer mit der Besprechung fortfahren.

[handschriftliche Notiz: Gesprächs- steuerung durch Protokoll]

Durch diese Protokollierungsmethode wird die Besprechungseffizienz auf mehrfache Weise gesteigert:

Nutzen für den Besprechungsablauf

▓ Jeder Teilnehmer kann unmittelbar auf die Protokollformulierungen Einfluss nehmen – der Protokolltext kann somit später nicht mehr infrage gestellt werden.
▓ Wurde ein Besprechungspunkt ins Protokoll aufgenommen, gilt er als endgültig abgeschlossen und darf nicht ohne triftigen Grund erneut diskutiert werden – zeitraubende Wiederholungen werden vermieden.
▓ Die deutlich herausgestellte Erledigung eines Punkts macht automatisch die noch offenen Fragen bewusst und lenkt die Teilnehmer auf den nächsten Besprechungsschritt – die Besprechung verläuft folgerichtiger und zielstrebiger.

▓ Durch das Diktieren der Protokollinhalte kann jeder beliebige Teilnehmer die Schriftführung übernehmen – die Unterbrechungen sorgen dafür, dass er sich dennoch uneingeschränkt an der allgemeinen Diskussion beteiligen kann.

▓ Benutzt der Gesprächsleiter ein Diktiergerät, kann die Schriftführeraufgabe sogar gänzlich entfallen.

Keine tontechnischen Gesamtaufzeichnungen

Allerdings ist davon abzuraten, die gesamte Besprechung mit einem Diktiergerät oder Rekorder aufzuzeichnen, um anhand dessen später ein Protokoll schreiben zu lassen. Das ist ein mühevolles, manchmal hoffnungsloses Unterfangen. Es gibt immer wieder Besprechungspassagen, in denen sich mehrere Teilnehmer gleichzeitig lautstark einbringen und es später rein auditiv nicht nachvollziehbar ist, wer sich mit welchen Argumenten und welchem Erfolg eingebracht hat. Hinzu kommen störende Nebengeräusche, undeutliche Sprechweisen und andere akustische Mängel.

Fehlende Zeit – ein ungerechtfertigtes Vorurteil

Häufig wird gegen die oben geschilderte Vorgehensweise vorgebracht, man habe nicht die Zeit, die Diskussion immer wieder wegen des Protokolls zu unterbrechen. Dagegen ist einzuwenden, dass es für den Zeitaufwand grundsätzlich einerlei ist, ob man ihn zwischendrin oder am Schluss der Besprechung erbringt. Tatsächlich aber kommt man sogar schneller zu einvernehmlichen Formulierungen, wenn die Gesprächsbeiträge noch frisch in Erinnerung sind, und die Unterbrechungen sorgen für einen logisch gegliederten und damit zeitsparenden Besprechungsablauf. Abgesehen davon, dass der Zeitbedarf für die Protokollierung meist maßlos überschätzt wird.

Das Formulieren eines Protokollpunkts benötigt selten mehr als eine Minute und ist somit für die Besprechungsdauer vernachlässigbar.

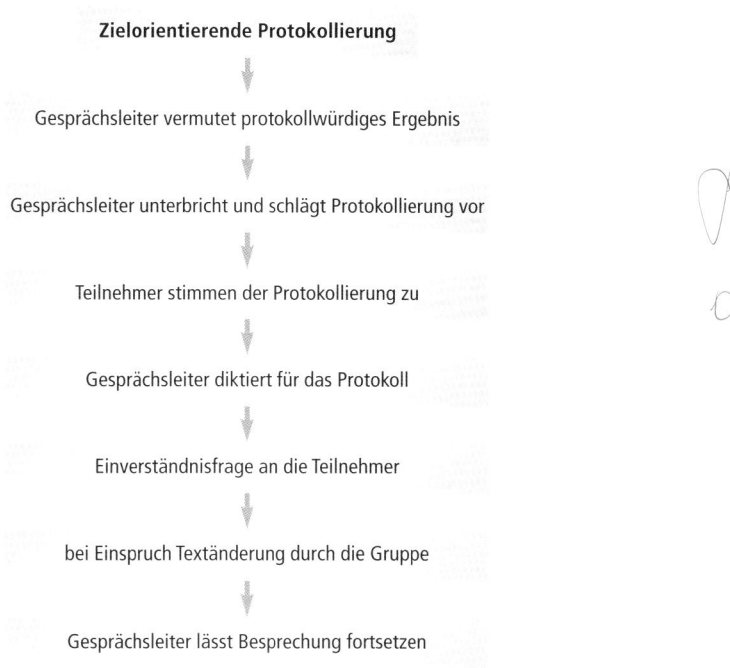

Zielorientierende Protokollierung

Gesprächsleiter vermutet protokollwürdiges Ergebnis

Gesprächsleiter unterbricht und schlägt Protokollierung vor

Teilnehmer stimmen der Protokollierung zu

Gesprächsleiter diktiert für das Protokoll

Einverständnisfrage an die Teilnehmer

bei Einspruch Textänderung durch die Gruppe

Gesprächsleiter lässt Besprechung fortsetzen

Maßnahmenkatalog zur Ergebnisumsetzung

Das beste Besprechungsergebnis ist nutzlos, wenn es nicht zu konkreten Maßnahmen führt. Doch leider kommt genau das häufiger vor. Die Gründe hierfür können sein:

Handicaps für die Realisierung

- Das Besprechungsergebnis war nicht allen Teilnehmern gleichermaßen klar, da es weder am Schluss unmissverständlich und einvernehmlich formuliert noch in einem Protokoll festgehalten wurde.
- Wegen kontroverser Meinungen blieben am Ende der Debatte einige Durchführungsfragen ungeklärt oder strittig.
- Manche Teilnehmer waren mit dem Ergebnis unzufrieden und sind daher nicht bereit, sich für die Realisierung einzusetzen – oder sabotieren sie sogar.

161

> **Besprechungsergebnisse sind nutzlos, wenn sie nicht zu konkreten Maßnahmen führen und deren Erledigung sichergestellt wird.**

Der Realisierungs-fahrplan

Dem kann durch einen Maßnahmenkatalog (auch Maßnahmenplan genannt) entgegengewirkt werden. Die aufgrund der Beschlüsse vorzusehenden Maßnahmen werden hierbei am Schluss oder unmittelbar nach der Besprechung in einem Katalog aufgelistet. Darin wird angegeben,

- welche Maßnahmen von wem bis wann zu erledigen sind,
- wer die Maßnahmen kontrolliert und
- wer für das Gesamtvorhaben verantwortlich ist.

Ein Maßnahmenkatalog kann wie in der nebenstehenden Tabelle dargestellt aussehen.

Verdeutlichende Grafik

Bei umfangreichen oder stark vernetzten Vorhaben kann es hilfreich sein, den Katalog durch eine grafische Darstellung zu ergänzen, zum Beispiel durch eine Mindmap, um das Zusammenwirken der Einzelmaßnahmen zu veranschaulichen.

Nachschau zur Besprechungsoptimierung

Selbstkritische Kontrollfragen stellen

Wer häufiger Besprechungen durchzuführen hat, sollte sich im Interesse der Qualitätssicherung rückblickend hin und wieder folgende Fragen vorlegen:

- Wurden die gesteckten Besprechungsziele erreicht?
- Konnten alle Themenpunkte und Fragen bearbeitet werden?
- Stand der Zeitaufwand in einem vernünftigen Verhältnis zu den Ergebnissen?
- Gab es im Besprechungsverlauf vermeidbare Umwege oder Themenabweichungen?

Maßnahmenkatalog

zur Besprechung vom:
Gesamtverantwortung (Name/Organisationsbereich):

Besprechungsthema:

Maßnahme		Durchführung			
Beschreibung	Durchführungshinweise	Bearbeitung durch	Erledigungs-termin	Kontrolle durch	Ausführungs-datum

- Wurden die Besprechungsregeln weitgehend eingehalten oder gab es auch chaotische Phasen?
- Haben sich alle Teilnehmer angemessen in die Diskussion einbringen können?
- Gelang es, ein spannungsfreies und zuversichtliches Gesprächsklima zu schaffen?
- Konnten die eigenen Emotionen hinreichend unter Kontrolle gehalten werden?
- Sind Teilnehmer unnötigerweise enttäuscht oder angegriffen worden?
- Wurde hinsichtlich der Besprechungsergebnisse allgemeines Einvernehmen oder zumindest konstruktive Akzeptanz erzielt?
- Waren räumliche oder technische Gegebenheiten zu beanstanden?

Sollte man die eine oder andere Frage nicht zufriedenstellend beantworten können, gilt es, die Ursachen zu ergründen und daraus Schlüsse für künftige Besprechungen zu ziehen.

Nützliches Teilnehmer-Feedback

Ob eine Besprechung als rundherum erfolgreich zu betrachten ist, hängt jedoch nicht alleine vom subjektiven Empfinden des Leiters ab. Möglicherweise haben die Teilnehmer den Besprechungsablauf anders erlebt. Daher ist es insbesondere bei Besprechungen mit direkten Kollegen oder den eigenen Mitarbeitern zu empfehlen, diese am Schluss reihum ein kurzes Feedback geben zu lassen. Etwa mit der Frage: „Sind Sie mit dem Besprechungsverlauf zufrieden oder hat Sie etwas gestört?" Die Statements sollten nicht diskutiert werden und auch keine Rechtfertigungen auslösen. Lediglich klärende Verständnisfragen können angebracht sein. Diese offene und selbstkritische Haltung verschafft nützliche Erkenntnisse für die eigene Gesprächsleiterrolle und zeigt den anderen, dass einem ihre Befindlichkeiten und Meinungen wichtig sind.

Fehler haben auch etwas Positives: Sie können vervoll-
kommnende Einsichten bewirken.

Anlegen einer Vorratsliste

Zeitweise gibt es in einer Organisation mehr Probleme zu besprechen oder Fragen zu klären, als das in einer einzigen Besprechung ohne überlange Dauer möglich wäre. Oder ein Besprechungspunkt hat wesentlich länger gedauert als geplant und einige andere mussten demzufolge unbehandelt bleiben. Damit aber keine Probleme ungelöst bleiben oder wichtige Angelegenheiten in Vergessenheit geraten, ist es zweckmäßig, hierfür eine Vorratsliste anzulegen.

Besprechungszeit reicht oft nicht aus

Vorratsliste

Bei der nächsten Arbeitsbesprechung ist dann unter Berücksichtigung der Prioritäten zu prüfen, welche der Punkte in die Tagesordnung aufzunehmen sind. Auch kann die Liste dazu dienen, bei unvorhergesehen schnellem Ablauf einer Besprechung den einen oder anderen Punkt außerplanmäßig an die jeweilige Tagesordnung dranzuhängen.

Späteres Abarbeiten nach Priorität

Die Vorratsliste gibt allen das sichere Gefühl, dass ihre Anliegen trotz zu knapper Zeit ernst genommen werden und nicht unter den Tisch fallen können.

8. Spezielle Besprechungs- formen

Regeln für formelle Versammlungen

Typische Anlässe Sowohl in der Politik als auch in Unternehmen und im privaten Bereich gibt es Gremien, die aufgrund gesetzlicher Bestimmungen, zum Beispiel des Vereinsrechts, oder aufgrund ihrer Geschäftsordnungen, zum Beispiel Satzungen von Verbänden, regelmäßig oder aus aktuellen Anlässen Besprechungen abhalten. Sie werden im Allgemeinen als Versammlungen bezeichnet und haben nach mehr oder minder strengen Regeln abzulaufen. Hierzu gehören unter anderem:

- Abgeordnetenversammlungen
- Parteitage
- Gesellschafterversammlungen
- Hauptversammlungen
- Verbandstage
- Mitgliederversammlungen
- Elternausschusssitzungen

Übliche Regeln sowie verbindliche Vorgaben Die hierfür geltenden Grundsätze basieren entweder auf den sogenannten parlamentarischen Regeln, die in Parlamenten verbindlich vorgegeben sind, oder sie sind in den Satzungen beziehungsweise Geschäftsordnungen der Gremien festgeschrieben. Viele der im Folgenden beschriebenen Regeln werden üblicherweise – ohne ausdrücklich vereinbart zu sein – auch in weniger formellen Besprechungen angewendet.

Auch in formellen Versammlungen darf die freie Meinungsbildung nicht unnötig eingeschränkt werden. Dennoch ist ein gewisser Rahmen einzuhalten, damit es nicht zu unproduktivem »Palaver« kommt und keine gesetzlichen oder satzungsgemäßen Bedingungen verletzt werden.

Eine Meinungsbildung nicht unnötig einschränken

Versammlungsleitung

Selbst Versammlungen mit kleineren Gruppen erfordern einen Versammlungsleiter. Entweder gibt die Satzung vor, wer das zu sein hat, oder er wird vom Gremium gewählt. Er kann die Leitung aber auch einer anderen Person übertragen. Zu den Aufgaben des Leiters zählen juristische, ordnende und lenkende Funktionen. Er hat:

Funktionen des Leiters

- für einen gesetz- oder satzungsgemäßen Ablauf und rechtswirksame Beschlüsse zu sorgen,
- das Wort zu erteilen oder auch zu entziehen, Abstimmungen zu leiten sowie unsachliche oder verletzende Angriffe und sonstige Ablaufstörungen zu verhindern,
- die Diskussion inhaltlich auf die Versammlungsziele hinzulenken.

Der Leiter eröffnet und schließt die Versammlung und hat darüber hinaus das Recht, sie jederzeit zu unterbrechen.

Einladung und Tagesordnung

Unter welchen Voraussetzungen, in welcher Form und mit welcher Frist einzuladen ist, kann in der Satzung vorgegeben sein. Die Einladung hat unter anderem die Tagesordnung zu enthalten. Es kann den Teilnehmern das Recht eingeräumt werden, innerhalb einer Frist gegen bestimmte Tagesordnungspunkte (TOP) Einspruch zu erheben oder Zusatzanträge zu stellen. Oder es wird vorgesehen, die Tagesordnung erst am Beginn der Versammlung vom Gremium beschließen oder gegebenenfalls ändern zu lassen.

Formale Regeln und Einspruchsrechte

Wortmeldungen

Spontane Beiträge oder nach Rednerliste

Bei Versammlungen ist es üblich, dass sich die Teilnehmer erst nach Wortmeldungen äußern. Wortmeldungen erfolgen normalerweise durch Handzeichen. Eine andere Variante ist das Hochstellen des Namensschilds. (Das macht es überflüssig, sich immer wieder durch Handzeichen in Erinnerung zu bringen.) In größeren Versammlungen kann es angebracht sein, schon vorher oder zu Beginn schriftliche Wortmeldungen einreichen zu lassen, anhand derer eine Rednerliste aufgestellt wird. Für Geschäftsordnungsanträge melden sich die Teilnehmer durch das Erheben beider Arme und den Zuruf: „Zur Geschäftsordnung!"

Anträge

Zulässigkeit und Form

Anträge sind mündlich oder schriftlich vorgetragene Begehren, die durch Abstimmung des Gremiums zu verbindlichen Vereinbarungen führen sollen. Die Zulässigkeit und Form von Anträgen können in der Satzung beziehungsweise in der Geschäftsordnung verbindlich geregelt sein. Anträge sollen als Aussagesatz und in der Gegenwartsform formuliert sein, zum Beispiel: „Zur Überarbeitung unserer Satzung wird eine Arbeitsgruppe gebildet."

Anträge zur Geschäftsordnung der Versammlung selbst haben Vorrang gegenüber Sachanträgen. Sie sollen aber den aktuellen Redner nur in dringenden Fällen unterbrechen. Wurde ein Geschäftsordnungsantrag gestellt, fragt der Versammlungsleiter, ob sich jemand zum Antrag äußern möchte. Erhebt niemand Widerspruch, gilt der Antrag als angenommen.

Abstimmungen

Arten und formeller Ablauf

Sofern nicht durch eine Satzung anders geregelt, gelten die folgenden Grundsätze für Abstimmungen:

- Wurde ein Antrag gestellt oder ist gemäß Tagesordnung ein Funktionsträger zu wählen, hat der Versammlungsleiter nach Abschluss der Meinungsbildung zur Abstimmung aufzufordern.

▨ Während der Abstimmung sind keine weiteren Wortmeldungen mehr zulässig.

▨ In der einfachsten Form fragt der Versammlungsleiter die Anwesenden, ob jemand Einwände vorzubringen hat (Abstimmung „per Akklamation"). Ist das nicht der Fall, gilt der Antrag als angenommen.

▨ Bei Mehrheitsbeschlüssen muss eine zahlenmäßig eindeutige Mehrheit ermittelt werden. Dazu stellt der Leiter nach Wiederholung des Wortlauts des Antrags in der folgenden Reihenfolge die drei Fragen: 1.) „Wer stimmt dem Antrag zu?", 2.) „Wer ist gegen den Antrag?" und 3.) „Wer enthält sich?"

▨ Im Regelfall wird offen abgestimmt, das heißt durch Handzeichen, Hochhalten einer Stimmkarte oder Erheben vom Sitzplatz.

▨ Sofern laut Satzung vorgeschrieben oder auf besonderen Antrag wird geheim abgestimmt. Dazu gibt jeder Stimmberechtigte seine Willenserklärung auf einem verdeckten Stimmzettel ab.

▨ Sofern zweckmäßig, kann aber mehrere Anträge zu ähnlichen Sachverhalten gemeinsam in einem Durchgang abgestimmt werden („En-bloc-Abstimmung").

Entlastungen

Bei manchen Gremien, zum Beispiel bei eingetragenen Vereinen, ist am Ende eines Geschäftsjahrs und vor Neuwahlen darüber abzustimmen, ob die bisherigen Amtsinhaber ihren Pflichten ordnungsgemäß nachgekommen sind und von ihrer Verantwortung für die vergangene Amtszeit „entlastet" (entbunden) werden können. Eine Entlastung entspricht formal einem Sachantrag und ist entsprechend zu handhaben.

Bestätigung pflichtgemäßer Amtsführung

Wahlen

Vorbereitung und Durchführung

Wahlen sind Abstimmungen besonderer Art, deren Vorbereitung und Durchführung einem besonderen Wahlausschuss übertragen werden können. Ihm dürfen jedoch keine bisherigen Amtsträger oder aktuelle Kandidaten angehören. Wahlen gliedern sich in drei Phasen: 1.) Vorschlag und Vorstellung der Kandidaten, 2.) Aussprache und 3.) Wahlakt und Ergebnisbekanntgabe.

Protokollierung

Protokollarten und Verantwortlichkeiten

Insbesondere wenn nachweisbare Beschlüsse zu fassen sind, sollte bei Versammlungen ein Protokoll geschrieben werden. Die Protokollform hängt dabei von den jeweiligen Anforderungen ab. In aller Regel kann auf ein Wortprotokoll verzichtet werden und genügt es, die Anträge und Beschlüsse zu dokumentieren.

Jedes Protokoll ist vom Schriftführer und Versammlungsleiter zu unterschreiben. Protokolle sind grundsätzlich durch das Gremium zu genehmigen. Die Satzung kann aber eine stillschweigende Genehmigung vorsehen, sofern keine fristgerechten Einsprüche vorliegen.

Ordnungsmaßnahmen

Disziplinierungsmittel des Gesprächsleiters

Bei Regelverstößen oder störendem Verhalten hat der Versammlungsleiter den Betreffenden zunächst zur Ordnung zu rufen. Ist der Ordnungsruf fruchtlos, kann er Wortentzug oder in schwerwiegenden Fällen den Ausschluss von der Versammlung androhen und dies notfalls auch verwirklichen. Gelingt es dem Versammlungsleiter trotz wiederholter Ordnungsrufe nicht, eine ungestörte Fortführung der Versammlung zu gewährleisten, hat er sie förmlich zu schließen.

Besondere Tagungsformen für Großgruppen

Vorrangig für Großveranstaltungen wie Tagungen oder Kongresse wurde in der Vergangenheit eine Reihe besonderer Besprechungsformen entwickelt. Es sollen hier nur die bekanntesten Varianten namentlich genannt und kurz erklärt werden. Ausführliche Beschreibungen finden Sie im GABAL-Band „Wirkungsvolle Tagungen und Großgruppen" von Walter Bruck und Rudolf Müller (siehe auch Literaturliste auf Seite 181).

Tagungsform	Gestaltungsmerkmale
Parallele Arbeitsgruppen/Workshops	Mehrere Teilnehmergruppen bearbeiten eigenständig dasselbe Problem oder aber unterschiedliche Teilprobleme und diskutieren später im Plenum ihre Lösungen.
Open Space	Im Rahmen eines Generalthemas entscheiden die Teilnehmer eigenverantwortlich, mit welchen Teilthemen sie sich in welchen Gruppen befassen wollen, wobei es jedem freisteht, zwischendurch das Thema oder die Gruppe zu wechseln.
Zukunftskonferenz	In vorab definierten und eingeteilten Gruppen entwickeln die Teilnehmer von Vergangenem und Gegenwärtigem ausgehend Visionen und Strategien für die Zukunft und planen entsprechende Realisierungsmaßnahmen.
Real Time Strategic Change (RTSC)	Eine von einem geplanten Änderungsprozess betroffene Mitarbeitergruppe wird über die neue strategische Ausrichtung informiert. Es wird um Zustimmung geworben und es werden gemeinsam Umsetzungsmaßnahmen geplant.
Appreciative Inquiry Summit (Zukunftsgipfel)	Eine gemischte, interdisziplinäre Teilnehmergruppe stellt besondere Erfolge der Vergangenheit heraus, ergründet deren Ursachen und versucht die positiven Erfahrungen auf die künftige Arbeit oder weniger erfolgreiche Gebiete zu übertragen.

Mit größeren Mitarbeitergruppen durchgeführte Veranstaltungen dienen im Allgemeinen folgenden Zielen:
- Planen und Einleiten betrieblicher Veränderungen
- Informieren über Neuerungen und Veränderungen
- Verändern von Einstellungen und Verhaltensweisen
- Vertiefen und Anwenden neu erworbenen Wissens

- Stärken des Gemeinschaftsgefühls und Knüpfen neuer Kontakte
- Wecken von Zuversicht und Freisetzen von Energien

Virtuelle Konferenzen

Zeit- und Reise-kostenersparnis

Der Hauptvorteil von virtuellen Konferenzen ist die Ersparnis von Anreisezeiten und Reisekosten, was natürlich besonders dann interessant ist, wenn die Teilnehmer sehr große Entfernungen zu überbrücken haben. Gemäß den Übertragungstechniken unterscheidet man zwischen Telefonkonferenzen, Videokonferenzen und Internetkonferenzen.

> **Moderne Kommunikationstechnologien ermöglichen virtuelle Konferenzen, bei denen keine körperliche Anwesenheit aller Teilnehmer im selben Raum erforderlich ist.**

Telefonkonferenzen

Mehrere Hundert Teilnehmer möglich

Eine Telefonkonferenz unterscheidet sich vom normalen Telefonat insofern, als hierbei mehrere Teilnehmer durch eine sogenannte Konferenzschaltung miteinander verbunden sind und somit zeitgleich miteinander kommunizieren. Relativ einfache Systeme erlauben Dreierkonferenzen, aufwendigere werden sogar für mehrere Hundert Teilnehmer angeboten. Statt einzelne Telefone zu benutzen, konferieren die Teilnehmer dann meist in mit mehreren Mikrofonen bestückten Räumen.

Videokonferenzen

Im Gegensatz zur rein auditiven Telefonkonferenz können sich die Teilnehmer während einer Videokonferenz auch sehen. Dadurch kommt auch die Körpersprache der Teilnehmer zur Geltung und wird ein gefühlsmäßig stärkerer Kontakt zueinander hergestellt.

Konferenzen dieser Art setzen allerdings voraus, dass alle Teilnehmer über kompatible technische Einrichtungen zur Eingabe, also Kamera und Mikrofon, und zur Ausgabe, also Bildschirm und Lautsprecher, verfügen und die Terminals über interne oder externe Server miteinander vernetzt sind. Mittlerweile gibt es eine Vielzahl verschiedenartiger technischer Lösungen für unterschiedliche Einsatzzwecke.

Besondere Technik erforderlich

Internetkonferenzen

Für diese Art der virtuellen Besprechung werden auch die Begriffe Web-, Online- oder PC-Konferenz verwendet. Es handelt sich dabei um Treffen, die über das Internet organisiert und durchgeführt werden. Sie funktionieren im Allgemeinen nach dem Prinzip, dass der Organisator per E-Mail zur Konferenz einlädt und dabei den Teilnehmern einen besonderen Zugangscode übermittelt. Zum vereinbarten Termin loggen sich die Teilnehmer über das Internet in die Konferenz ein und können dann beim Organisator Dokumente und Anwendungen einsehen. Außerdem können sie während der Konferenz jederzeit auch auf die Desktops anderer Teilnehmer wechseln und mit ihnen kommunizieren.

Schwachpunkte virtueller Konferenzen

Trotz ihrer unbestreitbaren Vorzüge wegen eingesparter Wege und Reisekosten haben virtuelle Veranstaltungen gegenüber Präsenzveranstaltungen auch ihre Nachteile:

Unbestreitbare Nachteile

- Je nach Konzeption sind zum Teil umfangreiche und manchmal auch kostspielige Hard- und Software-Voraussetzungen zu schaffen. Außerdem können nicht unerhebliche Übertragungsgebühren anfallen.
- Die Qualität der Bild- und Tonwiedergabe ist begrenzt, was die Verständlichkeit und Wirksamkeit beeinträchtigen kann.

▨ Es ist schwierig, virtuelle Besprechungen zu leiten, da der Leiter die Wortmeldungen nicht immer sofort wahrnehmen kann. Auch kann er das Gesamtstimmungsbild nur bedingt einschätzen und darauf reagieren.

▨ Die Teilnehmer müssen technisch bedingt ihre Beiträge diszipliniert und der Reihe nach einbringen, worunter die Spontanität der Meinungsbildung und Gefühlsäußerungen leidet.

▨ Die persönliche Nähe und das Gemeinschaftsgefühl fehlen für eine anregende Gruppendynamik.

Derlei Defizite lassen sich auch durch noch so ausgefeilte technische Lösungen der Informationsübertragung nicht vermeiden – bestenfalls etwas mindern.

Trotz fortschreitender Perfektionierung der technischen Möglichkeiten werden virtuelle Konferenzen die Wirksamkeit von Präsenzveranstaltungen nie völlig erreichen können.

Persönlicher Kontakt ist wichtig

Insbesondere für wichtige Kundenkontakte oder zwischenmenschliche Konfliktlösungen ist der persönliche Kontakt unverzichtbar. Doch trotz aller derzeitigen Mängel nehmen diese Multimedia-Anwendungen zu und werden vielleicht eines Tages zur Routine werden. Ob das jedoch im Hinblick auf die zunehmende Anonymisierung der Berufswelt wünschenswert ist, steht auf einem anderen Blatt.

9. Wege zu einer verbesserten Besprechungskultur

Mit überkommenen Gewohnheiten brechen

In manchen Besprechungen kann man den Eindruck gewinnen, Zeuge eines uralten Rituals zu sein. Obwohl seit Jahrzehnten neue Erkenntnisse, Methoden und Instrumente für effektive Gruppenprozesse existieren, hat sich an den traditionellen Besprechungsabläufen mancherorts nichts geändert. Folgende Merkmale sind üblich:

- förmliche Eröffnung mit redseliger Selbstdarstellung des Ranghöchsten
- mehr oder weniger deutliche Vorgabe des von ihm favorisierten Besprechungsergebnisses
- lebhafte Zustimmung seitens der angepassten Karrieristen
- indirekt formulierte Bedenken einiger Vorsichtiger oder polemische Angriffe der Widerspenstigen
- schwer durchschaubare, zeitraubende Scharmützel zur Durchsetzung von Einzelinteressen
- vom Leiter verordneter Beschluss oder aus Ratlosigkeit oder falsch verstandenem Harmoniestreben gefundener fragwürdiger Kompromiss

Besprechungen wie in alten Zeiten

Hier gilt es, manche Besprechungspraktiken kritisch zu überdenken und gelegentlich einmal Neues zu wagen. Vielleicht sollte man beispielsweise entgegen früherer Gewohnheiten

- bestimmte Besprechungen besser durch einen neutralen Moderator leiten lassen,

Neues wagen

- als Vorgesetzter bei starker Betroffenheit eigener Belange die Gesprächsleitung zwischenzeitlich an einen Mitarbeiter abgeben,
- am Beginn stets eine zielgerichtete Besprechungsstruktur vorgeben,
- vermehrt Visualisierungs- und Moderationstechniken einsetzen,
- sich zeitweilig in Kleingruppen mit speziellen Aufträgen aufteilen und
- am Schluss die Teilnehmer ein Feedback zum Besprechungsverlauf abgeben lassen.

Die vorigen Kapitel enthalten hierzu zahlreiche weitere Anregungen.

Sofern es der Besprechungseffizienz dient, sollte von hemmenden Gewohnheiten abgewichen und auch einmal Ungewöhnliches ausprobiert werden.

Gezielte Führungskräfteweiterbildung

Gesprächsleiter-fähigkeiten entscheiden

Wie die vorstehenden Ausführungen immer wieder gezeigt haben, hängt es in erster Linie von der Art der Vorbereitung und Leitung ab, ob Besprechungen mit geringstem Zeitaufwand bei höchster Teilnehmerzufriedenheit bestmögliche Ergebnisse erbringen. Oder ob sie unnötig zeitaufwendig sind, aber unangemessen wenig Nutzen bieten und somit fragwürdige Kostenfaktoren darstellen.

Auszugleichende Ausbildungsdefizite

Die Fähigkeiten für eine erfolgreiche Besprechungsorganisation und Gesprächsleitung sind jedoch weder angeboren noch werden sie in den landläufigen Berufsausbildungen oder Hochschulstudien nennenswert vermittelt. Dies geschieht meist erst in Weiterbildungsmaßnahmen.

Unternehmen sind gut beraten, sämtliche Führungskräfte durch Weiterbildungsmaßnahmen für die Aufgaben des Besprechungsorganisators und -leiters zu qualifizieren.

Die Bereitschaft, nach einer der bewährten Techniken vorzugehen, ist am ehesten gegeben, wenn alle Verantwortungsträger über ein einheitliches Methodenwissen verfügen. Auch das spricht für eine gezielte Weiterbildung der Führungskräfte.

Während Seminare zum Thema „Besprechungstechniken" in den 1970er-Jahren zu den am häufigsten angebotenen zählten, sind sie allerdings in den letzten Jahrzehnten unverständlicherweise selten geworden. Sie zählen nicht mehr zu den „Modethemen". Methodenwissen über Besprechungs- oder Entscheidungstechniken wird heute gern als banales Formalwissen abgetan, und es wird stattdessen mehr Wert gelegt auf allgemeines Verhaltenstraining oder das Vermitteln fachspezifischen Faktenwissens.

Weiterbildungsangebote selten

So wichtig und wünschenswert verhaltensorientierte Bildungsmaßnahmen für das Management auch sind, führen sie doch nur über psychologische Überzeugungsarbeit sowie stetiges Anwenden und somit nur langfristig zu nachhaltigen Veränderungen von Verhaltensgewohnheiten. Anders das Erlernen von Besprechungstechniken und -instrumenten. Hier zeigen sich schnell Lernerfolge.

Methodenwissen bringt schnelle Erfolge

Das Erlernen von Besprechungstechniken ist ein überwiegend rationaler Vorgang mit schnellen Lernerfolgen, die sich unmittelbar in beachtlichen Rationalisierungseffekten niederschlagen können.

Nicht nur kennen, sondern auch anwenden!

Aber auch das Wissen um optimale Methoden und Techniken reicht alleine nicht aus, sondern es muss tatsächlich in Besprechungen angewendet werden. Oft meint man, sich zum Beispiel den Einsatz von systematisierenden Problemlösungsmethoden oder veranschaulichenden Moderationstechniken aus Zeitmangel nicht leisten zu können. Stattdessen versucht man, ohne sich mit Gedanken über die zweckmäßigste Vorgehensweise aufzuhalten, geradewegs zu einer Vereinbarung zu gelangen. Erst wenn es dann zu ausufernden Debatten kommt oder sich Ratlosigkeit ausbreitet, machen sich die Versäumnisse bemerkbar.

Der Verzicht auf bewährte Methoden und Instrumente spart selten Zeit. Vielmehr dauern Besprechungen durch einen planlosen Verlauf, Ideenlosigkeit oder endlose Streitereien meist viel länger als nötig.

Praxisorientierung des Hochschulstudiums

Weiterbildungsmaßnahmen haben die Aufgabe, Versäumnisse der Ausbildung auszugleichen. Es wäre aber erstrebenswert, das Übel bei der Wurzel zu packen und es zu derartigen kommunikativen Defiziten im Management nicht erst kommen zu lassen.

In unzähligen Fachzeitschriften- und Tagungsbeiträgen wird von Personalverantwortlichen immer wieder beklagt, dass die Hoch- und Fachhochschulen zwar fachlich bestens ausgebildete Nachwuchskräfte bereitstellen, diese jedoch oft versagen, wenn es darum geht, mit Menschen umzugehen. Es wird bemängelt, dass viele junge Leute einseitig auf die Sach- und Fachfragen fixiert sind und demzufolge bei Managementaufgaben unwissentlich oder leichtfertig die Gefühle anderer verletzen, dass es ihnen häufig nicht nur am notwendigen psychologischen Grundverständnis, sondern auch an fundamentalen Methodenkenntnissen fehlt. Das gilt nicht alleine für das Verhalten und die Arbeitsweise in formellen Führungspositionen, sondern auch für fallweise Leitungsaufgaben in Arbeitsgruppen oder eben Besprechungen.

Auch auf Menschenführung vorbereiten

Da ein Hochschulstudium vorrangig für Führungspositionen qualifiziert, sollte es stärker als bisher bei den Studenten auch soziale und methodische Führungskompetenzen entwickeln.

Positives Unternehmensklima

Alle genannten Punkte zur Verbesserung der Besprechungskultur sind jedoch nur begrenzt wirksam, wenn im Unternehmen kein konstruktives Zusammenarbeitsbewusstsein existiert und wenn statt einer offenen internen Kommunikation ein angstbesetztes Klima vorherrscht. Ein Klima, in dem jeder sich abzusichern sucht, seine Schwachpunkte kaschiert und bei jeder Gelegenheit seine Erfolge herausstellt. Leider haben sich vor dem Hintergrund schwieriger wirtschaftlicher Rahmenbedingungen derartige Tendenzen in manchen Unternehmen verstärkt. Der erhöhte Leistungsdruck hat die

Angstfreien Umgang ermöglichen

Spielräume für vertrauensbildende Gespräche schwinden lassen und fördert blockierendes Konkurrenzdenken.

Auch Besprechungen sind Arbeitsprozesse

Doch gerade in Krisenzeiten ist eine auf den ganzheitlichen Unternehmenserfolg ausgerichtete Solidarität der Beschäftigten wichtig. Dann muss bei den Mitarbeitern die Bereitschaft geschaffen sein, sich vorbehaltlos für die Arbeitsziele einzusetzen und sich dabei gegenseitig zu unterstützen, statt vorrangig die persönliche Absicherung im Auge zu haben. Das gilt selbstverständlich auch für Besprechungen, denn auch sie sind Arbeitsprozesse, für deren Erfolg jeder Einzelne mitverantwortlich ist.

Langfristiger Unternehmenserfolg setzt ein Arbeitsklima voraus, in dem die Mitarbeiter bei Besprechungen unbefangen ihre Meinung äußern und bereitwillig ihre Erfahrungen sowie Ideen für die gemeinsame Sache einbringen.

Literatur

Adler, Andrea & Adler, Bernhard: *Konferenzen organisieren und durchführen*, Sauer-Verlag, Heidelberg, 1999

Barker, Alan: *30 Minuten bis zur effektiven Besprechung*, GABAL Verlag, Offenbach, 1998

Bischof, Anita & Bischof, Klaus: *Besprechungen effektiv und effizient*, Haufe Verlag, Planegg, 2007

Blom, Herman: *Sitzungen erfolgreich managen*, Beltz Verlag, Weinheim, 1999

Bruck, Walter & Müller, Rudolf: *Wirkungsvolle Tagungen und Großgruppen*, GABAL Verlag, Offenbach, 2007

Feiter, Claudia: *Konferenzen professionell organisieren*, Gabler, Wiesbaden, 1995

Gotthelf, Gabriela: *Gemeinsam an getrennten Orten?* Shaker Verlag, Herzogenrath, 2005

Hartmann, Martin, & Funk, Rüdiger & Arnold, Christian: *Gekonnt moderieren*, Beltz Verlag, Weinheim, 2005

Hartmann, Martin & Rieger, Michael & Pajonk, Brigitte: *Zielgerichtet moderieren*, Beltz Verlag, Weinheim, 2001

Hartmann, Martin & Röpnack, Rainer & Baumann, Hans-Werner: *Immer diese Meetings*, Beltz Verlag, Weinheim, 2002

Kellner, Hedwig: *Konferenzen, Sitzungen, Workshops effizient gestalten,* Hanser Verlag, München, 2000

Kießling-Sonntag, Jochem: *Besprechungs-Management,* Cornelsen Verlag, Berlin, 2005

Kirkpatrick, Donald L.: *Konferenz mit Effizienz,* Knaur, München, 1994

Laufer, Hartmut: *99 Tipps für den erfolgreichen Führungsalltag,* Cornelsen Verlag, Berlin, 2006

Laufer, Hartmut: *Entscheidungsfindung,* Cornelsen Verlag, Berlin, 2007

Meier, Hermann: *Zur Geschäftsordnung,* Leske + Budrich Verlag, 2003, Opladen

Meier, Kerstin: *Kreativität in Meeting und Team,* Businessvillage Verlag, Göttingen, 2006

Meier, Rolf: *Besprechungstechnik,* GABAL Verlag, Offenbach, 2005

Mudra, Peter: *Besprechungen und Konferenzen,* Verlag Die Wirtschaft, Berlin, 1993

Namokel, Herbert: *Die moderierte Besprechung,* Jünger Verlag, Offenbach, 2002

Rüdenauer, Manfred R. A.: *Verschwenden Sie keine Zeit mit Besprechungen,* EditionAutorDigital, Hamburg, 2000

Sawizki, Egon R.: *Meetings auf den Punkt gebracht,* Jünger Verlag, Offenbach, 2002

Schilling, Gert: *Moderation von Gruppen,* Gert Schilling Verlag, Berlin, 2003

Schuhmann, Georg: *Rhetorik und Kommunikation,* Verlag Europa Lehrmittel, Haan-Gruiten, 2008

Seifert, Josef W.: *30 Minuten für professionelles Moderieren,* GABAL Verlag, Offenbach, 2002

Seifert, Josef W.: *Besprechungen erfolgreich moderieren,* GABAL Verlag, Offenbach, 2006

Seifert, Josef W.: *Visualisieren, Präsentieren, Moderieren,* GABAL Verlag, Offenbach, 2007

Seifert, Josef W.: *Moderation & Kommunikation,* GABAL Verlag, Offenbach, 2007

Selbstlernkurs Besprechungstechnik, GABAL Verlag, Offenbach, 2005

Tosch, Michael: *Besprechungen moderieren,* Managerseminare Verlag, Bonn, 2002

Van Koolwijk, Ferdinand: *Außer Reden nichts gewesen?* Bertelsmann Verlag, Bielefeld, 1997

Wieke, Thomas: *Erfolgreiche Meetings,* Eichborn AG, Frankfurt am Main, 2005

Stichwortverzeichnis

Tom Peters *Essentials*

8-067

GABAL: Ihr „Netzwerk Lernen" – ein Leben lang

Ihr Gabal-Verlag bietet Ihnen Medien für das persönliche Wachstum und Sicherung der Zukunftsfähigkeit von Personen und Organisationen. „GABAL" gibt es auch als Netzwerk für Austausch, Entwicklung und eigene Weiterbildung, unabhängig von den in Training und Beratung eingesetzten Methoden: GABAL, die **G**esellschaft zur Förderung **A**nwendungsorientierter **B**etriebswirtschaft und **A**ktiver **L**ehrmethoden in Hochschule und Praxis e.V. wurde 1976 von Praktikern aus Wirtschaft und Fachhochschule gegründet. Der Gabal-Verlag ist aus dem Verband heraus entstanden. Annähernd 1.000 Trainer und Berater sowie Verantwortliche aus der Personalentwicklung sind derzeit Mitglied.

Die Mitgliedschaft gibt es quasi ab 0 Euro!
Aktive Mitglieder holen sich den Jahresbeitrag über geldwerte Vorteil zu mehr als 100% zurück: Medien-Gutschein und Gratis-Abos, Vorteils-Eintritt bei Veranstaltungen und Fachmessen. **Hier treffen Sie Gleichgesinnte, wann, wo und wie Sie möchten:**

- Internet: Aktuelle Themen der Weiterbildung im Überblick, wichtige Termine immer greifbar, Thesen-Papiere und gesichertes Know-how inform von White-papers gratis abrufen
- Regionalgruppe: auch ganz in Ihrer Nähe finden Treffen und Veranstaltungen von GABAL statt – Menschen und Methoden in Aktion kennen lernen
- Jahres-Symposium: Schnuppern Sie die legendäre „GABAL-Atmosphäre" und diskutieren Sie auch mit „Größen" und „Trendsettern" der Branche.

Über Veröffentlichungen auf der Website (Links, White-papers) steigen Mitglieder „im Ansehen" der Internet-Suchmaschinen.
Neugierig geworden? Informieren Sie sich am besten gleich!

Lernen Sie das Netzwerk Lernen unverbindlich kennen.
Die aktuellen Termine und Themen finden Sie im Web unter **www.gabal.de.**
E-Mail: info@gabal.de.

Telefonisch erreichen Sie uns per 06132.509 50-90.

„Es ist viel passiert, seit Gründung von GABAL: Was 1976 als Paukenschlag begann, ... wirkt weit in die Bildungs-Branche hinein: Nachhaltig Wissen und Können für künftiges Wirken schaffen ..."
(Prof. Dr. Hardy Wagner, Gründer GABAL e.V.)